地球不高兴

DI QIU BU GAO XING

元坤◎编著

中国汶川大地震、英国反常寒冬、冰岛火山爆发

在这个灾难频发的时代，地球究竟怎么了？
是谁让地球伤痕累累？是谁让地球不堪重负？

一旦地球不高兴，人类将后患无穷！
身为地球之子的人类，应该如何拯救地球？

当代世界出版社

图书在版编目（ＣＩＰ）数据

地球不高兴/元坤编著.--北京：当代世界出版
社，2010.9
ISBN 978-7-5090-0517-0

Ⅰ.①地… Ⅱ.①元… Ⅲ.①气候—关系—自然灾害
—普及读物 Ⅳ.①P46-49②X43-49

中国版本图书馆CIP数据核字(2010)第201537号

书　　名：地球不高兴
出版发行：当代世界出版社
地　　址：北京市复兴路4号(100860)
网　　址：http://www.worldpress.com.cn
编务电话：（010）83908400
发行电话：（010）83908410（传真）
　　　　　（010）83908408
　　　　　（010）83908409
经　　销：新华书店
印　　刷：北京龙兴印刷厂印刷
开　　本：787毫米×1092毫米　1/16
印　　张：13
字　　数：260千字
版　　次：2010年10月第1版
印　　次：2010年10月第1次
书　　号：ISBN 978-7-5090-0517-0
定　　价：28.00元

前　言

　　90多年之前，诗人郭沫若用激昂的情怀歌唱着：《地球，我的母亲》。诗人真切地问道："地球！我的母亲！/我过去，现在，未来/食的是你，衣的是你，住的是你，/我要怎么样才能报答你的深恩？"

　　面对地球这位无私、博爱的母亲，作为地球之子的人类，应该对她的养育之恩以涌泉相报。可是，人类对母亲究竟做了怎样的回报呢？

　　看看人类的行为吧：大面积毁林开荒，无节制地开采矿产资源，疯狂地排放废气、污水，盲目地侵占耕地搞建设，滥杀珍稀动物、滥砍珍稀植物……

　　在人类的虐待下，地球母亲不堪重压，日益变得面目憔悴、体质虚弱。但是人类不思反省，依然胡作非为，直至令地球母亲呈现出千疮百孔、伤痕累累的病态。

　　乌鸦、羔羊作为低级动物，尚有反哺之恩、跪乳之德，身为万物之灵的人类，对地球母亲如此大逆不道，实在伤透了地球母亲的心。

　　现在，地球土壤沙化正在以每年近600万公顷的速度扩大；南北两极冰川正在以令人震惊的速度消失；物种正在以每年数千种的速度灭绝；温室效应持续升温，导致全球气候变暖，干扰生态平衡；强烈降水频繁发生，造成洪水、泥石流、山体滑坡，危害人类生命，破坏水质系统；地面塌陷和地下漏斗由点到片出现，消耗大面积土壤和大量淡水资源；传染病、瘟疫的类型和数量屡屡增加，涂炭生灵；全球反常寒冬、强烈地震、印尼海啸、缅甸热带风、中国西南大旱情等灾难层出不穷……

　　地球不高兴，后果很严重。在触目惊心的灾变和灾难面前，人类还有什么话可说呢?

是的,人类对自身的恶行难辞其咎,如今唯有积极行动起来,为地球母亲疗伤治病,才能得到地球母亲的谅解。否则,地球母亲病倒了,人类也不会有好果子吃。

本书以浅显易懂的语言,融合知识性、趣味性、科学性的内容,深入分析了地球不高兴的成因及补救措施,旨在为广大读者普及丰富的科学、地理、文化、经济等知识,并号召人们担负起应有的责任,为保护地球做好力所能及的事。

目　录

第一章
谁弄坏了我的霓裳

"妈妈的天空，是慈祥的笑脸，请不要向天空吐烟，让妈妈难堪……我们都是地球的孩子，热爱妈妈吧，请不要给妈妈增添麻烦。"

这是一首优美的儿童歌曲——《热爱地球妈妈》歌曲中提到"请不要向天空吐烟"，这是什么意思呢。

原来，地球妈妈穿着一件漂亮的霓裳——淡蓝色的大气层。"向天空吐烟"，指的是人类身为地球的孩子，却不懂得敬爱地球妈妈，而是肆无忌惮地给妈妈的外衣抹黑——污染大气层，还胆大妄为地破坏妈妈的外衣——扩大臭氧层"空洞"。

我们每个人对自己的衣服都是很爱惜的。试想，地球妈妈的衣服被人类弄脏、弄坏了，她怎么能够高兴呢？

于是，地球妈妈不得不惩罚人类，她降下了酸雨，纵容紫外线入侵，让人类遭受了难以收拾的灾难。

现在，是人类应该反省的时候了！赶紧行动起来保护地球妈妈的"外衣"吧，这是一件刻不容缓的事情！

衣服脏了，地球流下"辛酸"泪

　　　　地球大气层是人类天然的保护屏障，它可以让人类免遭来自太空的大量辐射和陨星撞击。由于人类对大气层造成了严重污染，弄脏了地球唯一的一件衣服，最终惹怒了地球，因此地球流下"辛酸"泪——酸雨，让人类遭到了应有的惩罚。

昔日漂亮的外衣

地球也穿外衣吗？

没错，人类穿着外衣，地球母亲也不例外。

在天朗气清的白昼，绚烂的红日挂在天边，远远望去，蔚蓝的天空无边无际；而在风清月明的夜晚，群星如棋子般陈列天际，遥遥看去，浩渺的宇宙深邃无垠。朗朗乾坤，不论从哪个角度看，天上地下都泾渭分明，中间空蒙蒙的似乎什么也没有。

真的是这样吗？不是的！从太空俯瞰地球，就会看到地球穿着一件淡蓝色的外衣，它有个通俗的名字——大气层。

大气层与岩石圈、水圈、生物圈共同组成地球外壳的自然圈层。大气层是地球上所有生命的"保护伞"，为生命的生存和进化提供了基础环境条件。如果没有了大气层，地球上的生物根本无法抵挡来自太空的大量辐射和陨星的撞击。大约6500万年前，一颗小小的陨星撞击了地球，导致地球上90%

以上的生物消失殆尽。统治地球长达一亿数千万年的恐龙，就是在那场陨星撞击地球的浩劫中灭绝的。大气层还有一个很大的作用，它能调节温度，抵挡严寒和酷暑，让生物更好地繁衍生息。

是谁给地球制作了外衣？

地球的外衣不是能工巧匠裁剪出来的，而是由很多特殊材料浑然天成的。地球的外衣是由多种气体混合而成的，其中氮气约占78%，氧气约占21%，二氧化碳、氩、甲烷等微量气体只占了1%。不止这些，这件外衣中还有一些材料，比如悬浮的水滴、冰晶、固体尘埃微粒等。可别小看这些材料，它们加在一起是相当庞大的，总厚度约有1100千米，重达3140万亿吨。

地球的外衣是怎么搭配的？

有时候，一个人穿的衣服很多，人们会说他穿得里三层外三层。大气层也分为好几层，包括对流层、平流层、中层、热层和外逸层。

大气层的最底层是对流层，这层占据了整个大气层3/4的质量和大部分水汽。它是一个多姿多彩的舞台，人们经常看到的雷雨、闪电、台风、寒潮等都是在这里上演的。不过，对流层的范围并不大，只有约8～18千米。

平流层也称臭氧层，在紧挨着对流层的上面。这里的大气一直作水平运动，几乎不出现天气现象。我们常见的高性能飞机，就经常在平流层飞来飞去。

从平流层顶再向上就是中层，这里非常寒冷，气温低到零下80℃左右，有时见到的夜光云就在这一层。

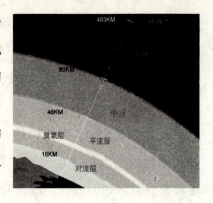

过了中层就是热层了。顾名思义，这层温度很高，白天可达1700℃以上，即使在晚上也会达到200℃。火箭、导弹和宇宙飞船的防护外壳，就是为了应付热层的高温。

最上面一层是外逸层，这里空气极其稀薄，而且受到的地球引力很小，很多物体一旦到了这里，稍不小心就会跑到太空去了。

很久以前，地球母亲的外衣光鲜美丽，但是有一天她发现自己的外衣脏了，而且还破了几个洞。地球母亲向来温柔娴淑，不去招惹任何事物，那么是谁把她的外衣弄成这样了？谁才是真凶呢？

大气污染是真凶

那些浓黑的气体是什么？

地球母亲为了找到毁坏她外衣的真凶，时刻认真侦察着。有一天，她发现地面上腾腾冒着很多浑浊浓黑的气体，终于知道了这些东西就是真凶。

这些浑浊浓黑的气体飘到空中，直接残害了大气层，这就是大气污染。

大气污染按照国际标准化组织的定义是："大气污染通常是指由于人类活动或自然过程引起某些物质进入大气中，呈现出足够的浓度，达到足够的时间，并因此危害了人体的舒适、健康或环境的现象。"

大气污染是怎么来的？

大气污染源主要有以下几个：

1. 工业废气。最主要的大气污染源来自工业。在一些工业重地，经常可以看到滚滚浓烟从烟囱里冒出来，这些浓烟中包含着烟尘、硫的氧化物、氮的氧化物，等等。

2. 生活炉灶。不论是城市还是农村，在日常做饭和冬季取暖的过程中，无可避免要用到炉灶。煤炭是炉灶的供应物，它在燃烧时会释放大量的灰尘和有害气体，直接对大气造成污染。

3. 交通运输。随着机动交通工具的广泛应用，它们产生的废气也成为大气的主要污染物。尤其在发达城市，交通工具产生的废气已成为不可忽视的污染源之一。

大气污染对人类有哪些危害？

大气污染对人类最大的危害在于，它可能会导致人的寿命下降。

大气污染物主要包括有害气体和有害颗粒物，如氮氧化合物、碳氢化合物、光化学烟雾、粉尘、气溶胶等。

这些有害物对人的呼吸道危害极大，容易使人患上呼吸道疾病，如干性鼻炎、慢性气管炎、肺气肿、尘肺等。

这些有害物还可能使人急性中毒。1952年，英国伦敦因家庭烧煤释放了大量煤烟粉尘，在浓雾中长期积聚不散，导致很多居民出现胸闷、咳嗽、呕吐等不良症状，仅在4天内就造成4000人死亡。

大气污染中的有毒颗粒飘浮在空气中极不易驱散，长期在这样污染的环境中工作和生活，容易使人诱发癌症，尤其容易诱发肺癌。

可见，大气污染对人的危害是多么严重。

如何防治大气污染？

大气污染主要是由人为因素造成的，要防治大气污染需要人类积极行动起来，从多个方面进行治理，可采取以下措施。

1. 合理安排工业布局和城镇功能分区。

随着世界经济的发展，很多国家出现了大面积的工业区。然而，工业区往往会排放一些对大气造成危害的物质，并间接对人类健康构成威胁。基于此，必须全面考虑工业区的合理布局，应该把工业区配置在离人口密集地较远的地方，并且位于最大频率风向的下风侧。

2. 加强绿化。植物不仅可以美化环境，而且具有调节气候、吸附灰尘、吸收有害气体等功能。在适当的地方种植大量的植物，对防治大气污染非常有利。

3. 加强对居住区内局部污染源的管理。如饭馆、公共浴室等的烟囱、废品堆放处、垃圾箱等均可散发有害气体污染大气，并影响室内空气，卫生部门应与有关部门配合，加强管理。

4. 控制燃煤污染。燃煤释放的气体和颗粒，是大气污染物的主要成分。控制燃煤污染，是减轻大气污染的有效措施。可以采用原煤脱硫技术、液态化燃煤技术等办法将燃煤释放的有害物质降到最低。

5. 加强工艺措施。采取以无毒或低毒原料代替毒性大的原料，并用闭路循环的办法，减少污染物的释放。

6. 区域集中供暖、供热，设立大的电热厂和供热站，实行区域集中供暖、供热，尤其是将热电厂、供热站设在郊外，是消除烟尘十分有效的措施。

7．交通运输工具废气的治理。汽车废气也是造成大气污染的主要污染源。在汽车上安装汽车废气催化转化器，可以减少有害物质的排放。

8．烟囱除尘。在烟囱处安装上除尘设备，降低有害颗粒的排放，对防治大气污染也很奏效。

大气污染对地球外衣有哪些危害?

地球母亲找到了真凶，同时也明白了大气污染对她的外衣的危害。

危害一：增高大气温度。污染气体生成的过程会散发大量废热，致使近地面空气的温度比四周要高一些，这就是气象学中的"热岛效应"。

危害二：影响全球气候。大气污染中有一种气体二氧化碳，大概有一半会掺和在大气里，不断吸收来自地面的长波辐射，提高近地面层空气的温度，造成温室效应。如果温室效应一直持续下去的话，就会导致南北极冰川大量融化，从而影响全球气候。

危害三：大气污染源中的微尘具有水汽凝结核的作用，当大气中形成降水条件时，就会出现降水天气。有些微尘中含有硫酸，因此很多降水会成为酸雨。

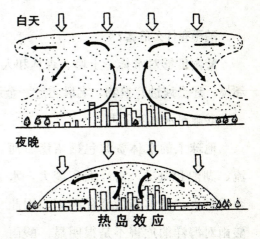

这三种危害，最让地球伤心的当属酸雨。这是因为酸雨就是地球流下的"辛酸"泪，她的外衣被破坏了，怎能不伤心呢？而酸雨，则是她对人类的惩罚。

不可小觑的酸雨

什么是酸雨？

简而言之，酸雨指的是酸性的雨。什么是酸呢？大家都知道，纯净水是中性的，什么味道也没有。日常生活中，我们常喝的柠檬水、橙汁都有酸味，做饭炒菜用的醋的酸味就更大了，这些都是弱酸。而我们常用的小苏打水含有涩涩的碱味，这就是碱。科学家发现酸味大小与水溶液中氢离子浓度有关；而碱味与水溶液中羟基离子浓度有关，于是制定了一个酸碱度指标：把氢离子浓度对数的负值称为pH值。纯净水的pH值定为7，酸性越大，pH值越低；碱性越大，pH值越高。而pH值小于5.65的雨叫做酸雨。以此类推，pH值小于5.65的雪叫酸雪，pH值小于5.65的雾叫酸雾。

酸雨有什么危害？

酸雨能够对水体、土壤、森林和人类健康造成严重危害，影响地球生态环境，还会腐蚀建筑物、名胜古迹、金属物品等。

酸雨对水体的危害

地球上的水体资源包括沼泽、河流、湖泊和海洋。海洋面积庞大，水容量巨大，能够有效稀释酸雨，因此酸雨对海洋的危害不是很明显。酸雨主要影响静态的淡水水体，如沼泽、湖泊和地下水等。

在德国、波兰和前捷克的交界

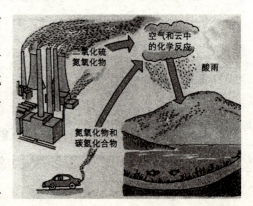

处，长期受到酸雨侵袭，造成当地的地下水呈现酸性。当地一位家庭主妇开玩笑说："我们这里的井水基本都带有酸性，可以直接取出来做酸菜。"

酸雨污染了水体后，还会对水生生物的多样性造成破坏。比如，当水体pH值接近6.0时，大部分甲壳类动物、浮游生物等就会消亡。当pH值接近5.0时，一些对鱼类、虾类有害的水生物种就会出现。当pH值低于5.0时，大部分水生物种都不能存活。

酸雨对森林的危害

当酸雨的pH值小于3.0时，可使叶片失绿变黄并开始脱落。叶片与酸雨接触的时间越长，受到的损害越严重。据调查，在酸雨pH值小于4.5的地区，马尾松林、华山松和冷杉林等出现大量黄叶并脱落，森林成片地衰亡。

被酸雨酸化的森林

酸雨还能够腐蚀树叶表面的蜡质保护层，导致植物受到病害的侵袭。

酸雨对土壤的危害

在酸雨的作用下，土壤中的营养元素，如钾、钠、钙、镁会释放出来，并被雨水冲走，从而使土壤变得贫瘠。土壤变酸后，一些对植物有害的金属离子，如铝、铅和铜离子等，便会从土壤中溶解出来，危害动植物。

酸雨对人类健康的危害

在酸雨严重的地区，人们容易感染呼吸系统疾病，如支气管炎、肺气肿、哮喘等。在某些特定条件下，酸雨形成的酸雾侵入人体肺部，能够导致肺水肿、肺硬化。酸雨或酸雾还会刺激人的眼睛，致使沙眼患病率提高。酸雨会腐蚀人的皮肤，导致皮肤表面蛋白质变性。

为了避免或减轻酸雨对人体的危害，在酸雨多发的时节，要尽量避免淋雨，淋雨之后要尽快清洁表面皮肤。尽量减少在大雾环境中的活动，外出佩戴口罩，减少有害物质的吸入。

酸雨对建筑物和金属物品的危害

酸雨会腐蚀建筑物，使建筑物表面斑痕累累，严重的还会影响建筑物的使用寿命。同样的原因，酸雨对金属的危害也是一样的。

世界八大奇迹之一的印度泰姬陵，全部用纯白色大理石建筑，由于受到酸雨的腐蚀，大理石失去了光泽，纯白色逐渐泛黄，有的甚至变成了锈色。

痛心，打不上补丁的破衣服

地球的衣服上有一个打不上补丁的洞——臭氧层"空洞"。臭氧层可以吸收大部分太阳紫外线辐射，保护地球上的生物免遭紫外线侵害。人类各种不合理的活动，让臭氧层"空洞"的面积日渐扩大。于是，强烈的紫外线辐射疯狂地向人类入侵。人类自食恶果，又能怪谁呢？人类只有及时悔改，才会得到地球的原谅。不然，后果更加严重。

臭氧层空洞

什么是臭氧层"空洞"？

由于种种原因，人类穿的衣服可能会出现空洞。地球的外衣"大气层"同样会出现空洞。这种空洞一般位于臭氧层，称为臭氧层"空洞"。

臭氧与人类呼吸的氧气是"同胞兄弟"，它由3个氧原子组成，在常温下呈淡蓝色。由于这种气体略带臭味，因此被称为臭氧。

臭氧层空洞

臭氧层中的臭氧密度会随着季节发生改变，春季的时候密度最小。从1970年以来，科学家发现每年10月份左右，这时正好是南极春季，在南极上空的臭氧层的臭氧含量会

突然减少30%至40%，形成"臭氧洞"。科学家经过多年的观测，又发现南极上空的臭氧洞面积呈现逐年增加的趋势。截止到2008年9月，南极上空的臭氧洞曾达到了2700万平方公里，约相当于4个澳大利亚的面积。

臭氧层为什么会出现"空洞"？

臭氧层"空洞"的形成大致有三种原因：

1. 动力气象学上的极地纬向环流变化造成输送至南极上空的臭氧减少，形成臭氧洞。

2. 极地冰晶效应影响下的多相化学反应引起臭氧的减少，出现臭氧洞。

3. 与太阳辐射变化相关的动力气象因素及光化学反应（包括人类活动影响）综合作用导致臭氧洞的形成。

科学家认为人工合成的一些含氯和含溴的物质是造成南极臭氧洞的元凶，最典型的是氟氯碳化合物（俗称氟里昂）。氟里昂由碳、氯、氟组成，其中的氟离子释放出来进入大气后，能反复破坏臭氧分子，自己仍保持原状，尽管数量很少，但足以使臭氧分子减少，直至形成"空洞"。

早在20世纪70年代初期，联合国环境署制定了"世界保护臭氧层行动计划"。1985年，21个国家的政府代表签署了《保护臭氧层维也纳公约》，呼吁各国政府采取联合行动，保护臭氧层。1987年9月，36个国家和10个国际组织的140名代表和观察员在加拿大蒙特利尔集会，通过了《关于消耗臭氧层物质的蒙特利尔议定书》，进一步提出了控制消耗臭氧层物质的具体措施和方案。1995年，联合国环境署将每年9月16日定为"国际保护臭氧层日"，以加强世界人民保护臭氧层的意识，提高参与保护臭氧层行动的积极性。

人类为什么如此重视臭氧层空洞呢？

臭氧在人类化学工业中具有很大的作用，通常用来消毒饮用水或用作漂白剂，而且不会产生任何有害残余物质。

臭氧最大的作用在于它能够吸收大部分太阳紫外线辐射，保护地球上的生物免遭紫外线侵害。

臭氧层"空洞"的出现，导致太阳对地球表面的紫外线辐射量增加，对生态环境产生破坏作用，严重影响地球生物的正常生存。

恐怖的紫外线

难以抵挡的紫外线

太阳光由可见光、紫外线和红外线组成。进入大气层的太阳光有 5% 是波长100～400纳米的紫外线。

紫外线可分为长波、中波、短波。长波紫外线能够杀菌，中短波紫外线则会对人体和生物造成伤害。

紫外线强烈作用于人的皮肤时，可使人类皮肤患光照性皮炎，皮肤上出现红斑、水疱、水肿等，严重的还可能诱发皮肤癌。紫外线强烈作用于人的中枢神经系统时，人就会出现头痛、头晕、体温升高等症状。紫外线强烈作用于人的眼部，则容易让人引起结膜炎、角膜炎，还有可能诱发白内障。

在距南极洲较近的智利南端海伦娜岬角，这里的紫外线强度相当高，当地的居民早就吃尽了紫外线的

苦头。他们每每外出行动，都必须穿上厚衣服，戴上太阳眼镜和帽子，还要在裸露的皮肤上抹上防晒油。如果他们不这样做，只要在太阳光下活动半小时，皮肤就被晒成鲜艳的粉红色，还会伴有阵阵痒痛。

当地的很多动物，由于没有办法阻挡紫外线的照射，受到了很大伤害，比如大部分羊都患有白内障，兔子几乎全是瞎子，就连河里的鱼也都是盲鱼。

以小见大，如果臭氧层全部遭到破坏，太阳紫外线就会肆无忌惮地"杀死"地球上的动物，人类也将遭遇"灭顶之灾"。

不止是人类和动物，强烈的紫外线辐射对植物也会造成严重伤害，比如臭氧层厚度每减少25%，大豆就减产20%～25%。

此外，紫外线的增强还会加剧城市内的烟雾含量，并使一些有机材料，如橡胶、塑料等加速老化。

如何减小紫外线辐射对人体的伤害？

虽然紫外线辐射具有很大的杀伤力，但是我们也可以采取有效措施最大程度减小紫外线对人体的伤害。

1. 远离强紫外线。每天上午10点到下午两点，是紫外线辐射最强烈的时候。我们应该尽量避免在这个时间段进行户外活动。

2. 正确使用防晒霜。在阳光浓烈的天气，出门前十分钟应该在裸露的皮肤上涂抹防晒霜。需要注意的是，防晒霜不是随意涂抹几下就行的，在涂抹之前，应该先清洁皮肤。如果是干性皮肤，还应该适当抹一点润肤液。涂防晒霜时要尽量仔细，脖子、下巴、耳朵等部位也要涂抹到位。如果在户外的时间

较长，每两个小时应补擦一次防晒霜。

3．穿戴要讲究。外出时应该穿戴能够防御紫外线的衣物，最好穿着浅色的棉、麻材料做成的服装，头上还应戴上宽沿帽，并给自己选择一款具有防紫外线功能的眼镜。

日常生活中如何保护臭氧层？

地球母亲的外衣出现了打不上补丁的空洞，人类作为地球之子，千万不能坐视不管，而应该积极行动起来，尽自身最大的努力帮助地球母亲护理好她的外衣，再也不能让母亲外衣上的"空洞"越来越大。

人类需要做的是，在日常生活中从一点一滴做起，尽量减小对臭氧层的伤害。我们可以尝试从以下几方面去做。

1．尽可能购买带有"爱护臭氧层"或"无氯氟化碳"标志的产品。

2．合理处理废旧冰箱和电器，应该去除其中的氯氟化碳和氯氟烃制冷剂。

3．技师维修空调、冰箱或冷柜时，尽量不要将冷却剂释放到大气中去。

4．积极宣传保护臭氧层的必要性，参加保护臭氧层的活动。

低碳减排，不给地球抹黑

过而能改，善莫大焉！虽然人类污染了地球大气层，扩大了臭氧层"空洞"，但是只要人类及时补救过失，还是可以挽回残局的。

现在，人类已经幡然醒悟了，喊出了"低碳减排"的口号，并在付诸行动。相信在不久的将来，人类一定可以治理好地球衣服上的创伤。

怎样才能让地球的外衣少遭破坏？

地球的外衣正在受到残忍的破坏，那么有没有办法减轻对地球外衣的破坏呢？当然有，目前最好的办法就是低碳生活和低碳经济。

低碳的意思是较低（更低）的温室气体（二氧化碳为主）排放。随着世界工业经济的发展、人口的剧增、人类欲望的无限上升和生产生活方式的无节制，二氧化碳排放量越来越大，地球臭氧层正遭受前所未有的危机，全球灾难性气候变化屡屡出现，已经严重危害到人类的生存环境和健康安全。

低碳生活指的是减少日常生活中所耗用的能量，从而减低碳类气体，特别是二氧化碳的排放。低碳经济则是以低能耗、低污染、低排放为基础的经济模式，是人类社会继农业文明、工业文明之后的又一次重大进步。

低碳的理念是怎样来的？

1997年的12月，《联合国气候变化框架公约》第三次缔约方大会在日本京都召开。149个国家和地区的代表通过了旨在限制发达国家温室气体排放量以抑制全球变暖的《京都议定书》。

《京都议定书》规定：到2010年，所有发达国家二氧化碳等6种温室气体的排放量，要比1990年减少5.2%。

2001年，美国总统布什刚开始第一任期就宣布美国退出《京都议定书》，理由是议定书对美国经济发展带来过重负担。

2005年2月，《京都议定书》正式生效。这是人类历史上首次以法规的形式限制温室气体排放。

2007年3月，欧盟各成员国领导人一致同意，单方面承诺到2020年将欧盟温室气体排放量在1990年基础上至少减少20%。

2007年12月，联合国气候变化大会产生了"巴厘岛路线图"，"路线图"为2009年前应对气候变化谈判的关键议题确立了明确议程。

在日常生活中如何做到"低碳"呢?

1．尽量选择食用有机食品和健康食品。有机食品指的是在生产加工环节中根本不使用化肥、农药和各种添加剂，也不采用各种基因技术，而且能够通过认证的食品。

2．保护自然生态，树立正确的环保观念。在日常生活中，带动身边的人一起倡导环保。对于日常垃圾的处理，做到不乱扔乱丢，看到别人扔的垃圾，应该捡到垃圾桶里。

3．外出旅游时，尽量选择环保、自然且自由的"有机旅行"方式。这种方式和传统的在旅途中观赏景观不同，它更注重对景观的保护，不破坏环境，自觉保护生态。

4．选择质量有保障的打印机，以免因为卡纸造成浪费。使用节能荧光灯，它比白炽灯至少省电66%。无论办公室还是家里，如果暂时不使用电脑、电视，要尽量关闭电源，这比待机状态节约很多电能。

5．上班的时候，尽可能多乘坐公共汽车或步行，尽量不驾驶高油耗型汽车。

6．平时使用充电产品时，尽量采用通用充电器充电，以免造成大量充电器闲置和浪费。

7．购物或买菜时，少用塑料包装袋和一次性包装袋，尽量减少消费品的不必要替换。应该提倡物品的重复使用，尽可能采用"低碳产品"。此外，还应自觉履行生活废弃物的分类处理，不可违规排放废弃物。

第二章

天啊，我得了"皮肤病"

皮肤病，是人类深恶痛绝的一种病患。在自然因素和人为因素的影响下，地球也患上了皮肤病，主要包括皮肤龟裂——干旱和旱灾，皮肤粗糙——土地沙化。

大家都知道，人类的皮肤病治疗起来非常麻烦，有些皮肤病甚至难以治愈。不难想象，地球的皮肤病也是很难治愈的。

如果仅仅是自然因素导致地球患上皮肤病，是情有可原的。然而，事实是各种人为因素导致地球皮肤病逐渐恶化，而最终受到危害的反而是人类。

1934年，美国发生了震惊世界的沙尘暴。2010年，我国云南遭遇百年一遇的全省性特大旱灾。

这些灾难，难道仅是天灾吗？恐怕与人为因素脱不了关系。现代世界，由于人类生产活动的规模越来越大，加剧了水土流失、土地荒漠化……因此各种灾难随之而来。

既然很多灾难是人为造成的，人类就必须为自己的行为负责。

让我们行动起来，用我们的智慧和能力，去治愈地球的皮肤病，还地球一身亮泽的肌肤。

皮肤龟裂，我要补水护肤

人的皮肤龟裂，往往是由于缺失水分引起的。地球的皮肤龟裂，自然也与缺失水分有关。其内在因素是受到干旱和旱灾的影响。这两种灾害的发生，同时给人类带来了严重的危害。虽然在很大程度上人类尚不能控制这两种灾害，但可以进行有效防护，将灾害降到最低程度。

可怕的干旱

地球为什么会皮肤龟裂？

很久以前，科技比较落后，航海技术尚不发达，人们无法全面认识到地球的全貌。由于人们大都生活在内陆，无从知晓大海有多么宽广，以为他们生活的这个星球绝大部分构造都是陆地，因此称之为地球。

随着科技的进步，人们发现地球上71%是海洋，陆地只占29%，原来地球名不副实，而应称为水球。但是人们已经叫地球叫习惯了，就没再改名称。

地球上的陆地受到水分的滋润，生长出了很多植被，让地球变得绚丽多姿。然而，当陆地缺失水分时，就会变得干裂，甚至寸草不生，影响地球的美观。

陆地就好比地球的皮肤，需要随时滋养，才可以长久地保持滑润。但是，一旦出现干旱或者突发旱灾，地球的皮肤就会出现龟裂。

从自然角度讲，干旱和旱灾是两个不同的科学概念。干旱是由于陆地淡水资源匮乏，不足以满足人类生存和经济发展的气候现象，干旱一般是长期的现象。而旱灾却不同，旱灾是因气候严酷或不正常的干旱而形成的气象灾害，属于偶发性的自然灾害，即使在水资源丰富的地区也可能因一时的气候异常而出现旱灾。

干旱和旱灾有一点是相同的，两者都是人类面临的主要自然灾害。虽然当今时代的科学技术已经相当发达，但人类依旧难以抵制干旱和旱灾造成的灾难性后果。

在什么情况下会出现干旱？

造成干旱的因素有多种，它与植物系统分布、温度平衡分布、大气循环状态改变，等等，有直接的关系：

1. 干旱与地理位置和海拔高度有直接关联，如在海拔较高的山区容易出现干旱。

2. 干旱与各大水系距离远近有直接关联，如在距离河流较远的地区容易出现干旱。

3. 干旱与地球地壳板块滑移漂移有直接关联，如地壳运动可造成河流消失而出现干旱。

4. 与天文潮汐有直接关联，如在常年缺雨的地区容易出现干旱。

5. 与地方植被覆盖水平有直接关联，如在寸草不生的地区容易出现干旱。

此外，造成干旱还有其他因素，如2010年，我国黄果树瀑布出现干旱，这与温室效应有直接关系。2010年，我国云贵川旱情则是由温室气泡团相对稳态造成的。

干旱的种类有哪些？

干旱可分为小旱、中旱、大旱和特大旱四种。

小旱：连续无降雨天数，春季达16～30天、夏季16～25天、秋冬季31～50天。

中旱：连续无降雨天数，春季31～45天、夏季26～35天、秋冬季51～70天。

大旱：连续无降雨天数，春季达46～60天、夏季36～45天、秋冬季71～90天。

特大旱：连续无降雨天数，春季在61天以上、夏季在46天以上、秋冬季在91天以上。

干旱会造成什么样的危害？

1．干旱是危害农牧业生产的第一灾害。气象条件会对作物的分布、发育状态、生产质量造成一定的影响，而水分条件则是决定农业能否可持续发展的主要条件。由于干旱发生频率较高、持续时间较长、影响范围较广，成为影响农业生产最严重的气象灾害。干旱还会对畜牧业造成严重危害，主要表现在影响牧草、畜产品的产量，并加剧草场退化和沙漠化。

2．干旱促使生态环境进一步恶化。由于干旱缺水造成地表水源不够用，只能依靠大量超采地下水来维持居民生活和工农业发展。然而，超采地下水又进一步造成地下水位下降、漏斗区面积扩大、海水入侵等一系列的生态环境问题。

以我国部分地区十年九旱的现象来说，干旱造成这些地区的植被严重破坏，土壤沙化趋势不断扩大，严重恶化了生态环境。

3．干旱还可能引发其他自然灾害发生。冬春季的干旱容易引发森林火灾和草原火灾。自2000年以来，由于全球普遍出现气候暖化的现象，导致很多地区发生干旱，而干旱又造成草地、森林枯草期长，极容易引发火灾。

可恶的旱灾

引起旱灾的原因

1. 地壳板块滑移漂移，导致表层水分渗透流失转移，使地表丧失水分。

2. 水土流失，植被破坏。

3. 天文潮汐期所致。

4. 水利工程缺乏或者水利基础设施脆弱，没有涵养水源。

5. 没有顺应洪涝和干旱汛期规律，做到洪涝时蓄水涵养，干旱期取水调水，遵循自然规律，促进水资源动态平衡。

6. 其他。

人类应该采取哪些措施防旱与抗旱？

自然界的干旱是否造成灾害，受多种因素影响，对农业生产的危害程度则取决于人为措施。人类防止干旱的主要措施是：

1. 兴修水利，发展农田灌溉事业。

2. 改进耕作制度，改变作物构成，选育耐旱品种，充分利用有限的降雨。

3. 植树造林，改善区域气候，减少蒸发，降低干旱风的危害。

4. 研究应用现代技术和节水措施，例如人工降雨，喷滴灌、地膜覆盖保墒，以及暂时利用质量较差的水源，包括劣质地下水乃至海水等。

在干旱和旱灾地区如何寻找水源?

1. 通常情况下, 在干枯的河床外弯最低点、沙丘的最低点, 容易挖掘出地下水。如果挖掘得很深, 仍然看不到地下水, 还可以采用冷凝法获得淡水。具体方法是在地上挖一个直径90厘米左右, 深45厘米的坑, 上面蒙上塑料布, 坑底放上容器。坑里的空气和土壤迅速升温, 产生蒸汽。当水蒸气达到饱和时, 会在塑料布内面凝结成水滴, 滴入下面的容器。使我们得到宝贵的水的这种方法, 在昼夜温差较大的沙漠地区, 一昼夜至少可以得到500毫升以上的水。用这种方法还可以蒸馏过滤无法直接饮用的脏水。

2. 还可以根据动植物来寻找水源。大部分的动物都要定时饮水, 食草动物不会远离水源, 它们通常在清晨和黄昏到固定的地方饮水, 一般只要找到它们经常路过踏出的小径, 向地势较低的地方寻找, 就可以发现水源。发现昆虫是一个很好的水源标志。尤其是蜜蜂, 它们离开蜂巢不会超过6.5公里, 但它们没有固定的活动时间规律。大部分种类的苍蝇活动范围都不会超过离水源100米的范围, 如果发现苍蝇, 有水的地方就在你附近。

越来越粗糙的皮肤

　　土地沙化是造成地球皮肤越来越粗糙的根本原因，而导致土地沙化的罪魁祸首则是人类。人类大肆地滥垦乱伐，过度地开荒、放牧，清除了地球皮肤上具有防护功能的汗毛——植被。地球怎么能容忍人类做出这种大不敬的事呢？她制造了沙尘暴来惩罚人类。面对难以控制的沙尘暴危害，人类是否应该有所反思呢？

地球皮肤的第二种特性

地球的第二种皮肤病是什么？

　　陆地是地球的皮肤，它会出现龟裂，同样也可能变得粗糙。造成地球皮肤粗糙的最根本原因就是土地沙化。可以说，土地沙化是地球的第二种皮肤病。

　　陆地土壤层是地球表面很薄的一层物质，但它对于地球上的人类和其他生物的生存起着关键作用。如果没有陆地土壤层，地球上就不可能生长树木、草被、农作物等植被，也就不可能出现大量食草动物，更不可能存在人类。

　　土地沙化造成陆地土壤层恶化，有机物质下降甚至消失，进而转变为沙漠和戈

壁这类不毛之地。

目前，地球上有十分之一的陆地是沙漠，而在全球范围内有三分之一的土地面机临着沙化危险。据科学调查，全球每年约有6万平方公里的土地沙漠化，威胁着60多个国家，受影响的人口占地球总人口的16%以上。土地沙化还造成全球范围内每年的年收入减少约2800亿元，对世界经济发展带来严重阻碍。

我国现在是世界荒漠化最严重的国家之一。1994年，我国土地沙化扩展速度为每年2460平方公里，现在已经加速到每年3436平方公里，相当于每年"吞噬"一个中等县。土地沙化面积现在占我国国土面积的27.9%，造成我国每年直接经济损失达540亿元，间接经济损失更难以估算。

由此可见，治理土地沙化是我国也是世界的难题之一。

当前，地球上超过百万平方公里的沙漠有五个，分别是非洲撒哈拉沙漠、阿拉伯半岛上的阿拉伯沙漠、非洲东北部的利比亚沙漠、澳大利亚沙漠、中国内蒙古和蒙古国境内的戈壁沙漠。

地球的皮肤已经有如此多的部位变得粗糙，人类怎么能忍心眼看着地球的皮肤愈来愈粗糙呢？人类必须积极行动起来，坚决制止土地沙化的扩张。

是谁制造了沙漠？

沙漠是地球上的一种自然景观。按照传统观点来讲，沙漠是地球上干旱气候的产物。根据地球上沙漠地域的分布情况来看，这个观点是正确的。但是，地质学家考察了撒哈拉大沙漠后，发现这里曾经是水草茂盛的牧场，由于生态环境遭到严重破坏，才逐渐退化为沙漠。这就表明，沙漠不完全是干旱的产物，一定还另有原因。

那么，是谁制造了沙漠呢？

根据现代土地沙化的情形来看，由于环境恶劣，并且缺乏资金和其他资

源，贫困地区的人口被迫加剧开发原已超负荷的土地，如无限制地放牧、砍伐森林、过度开垦等来维系生存，从而不断加大土地的负载，形成荒漠化。

由此可见，是人类制造了沙漠。那么这种观点科学吗？

18世纪，法国哲学家夏托·布莱恩曾说："原始时期是森林和草原，文明过后会成为沙漠。"

哲学观点毕竟不能当做科学依据，不妨看一看具体的实例。

美国中西部曾经是一片茂盛的大草原，即使遭到长期干旱，充其量出现草被萎蔫的现象，不至于大面积枯死，更不可能变成荒漠。

1885年以后，美国居民向中西部草原大进军，把广阔的草原开辟为麦田。在1908年至1938年间，美国中西部连年干旱，导致大面积土地裸露，酿成了沙漠。

1934年，美国发生了震惊世界的沙尘暴。一条长2400公里，宽1500公里，高3公里的沙尘带，横扫美国三分之二的地区，把美国中西部新开垦的几万亩田园变成荒凉沙丘。

这就是人造沙漠最好的证据。不仅是美国，苏联也有过类似的做法。

20世纪50年代中后期至60年代中后期，苏联向中亚草原进军，把大片草原开垦为麦田和棉田，还截断流入咸海的两条河流，引水灌溉新开的农田，加上连年干旱和沙尘暴，使得农田、草原变成了沙漠。

所以说，沙漠的出现固然离不开气候因素，但追根究底还是由人类制造出来的。人类必须为自己的恶行反思，尽快采取措施防止土地沙化。

人类哪些行为加重了土地沙化？

土地是否会发生沙化，主要在于土壤中含有多少水分可供植物吸收、利用。当土壤中的水分不足以使大量植物生长时，就会导致土地沙化。造成土地沙化的人为活动主要有以下几方面：

1. 开荒。人类为了满足自身需求，将大量草地和林地开垦为耕地，造成土地中的养分和水分被农作物大量吸收，而土地却得不到足够的水分补充，最终导致土地沙化。比如，在我国西部地区，自1995～2000年，因开垦草地增加的耕地面积占69.5%。由于西部地区属于干旱、半干旱地区，草地被开垦为耕地后，在农闲季节土壤失去了植被的保护，最后出现沙 化现象。

2. 过度放牧。过度放牧严重践踏了草原地表的植被，破坏了草原地表的土壤结构，出现土地裸露、水分蒸发、有机质丧失等危害。随着土壤裸露的面积逐渐扩大，形成的土地沙化面积也不断越大。比如，我国新疆、宁夏、内蒙古境内的草原放牧超  载率较高，使大片草地遭受牛羊等牲畜的破坏，最终出现沙化现象。

3. 滥挖滥伐。由于人们大肆滥挖草地中的野生药材，造成草地支离破碎，加之对森林大面积砍伐，削减了森林的防风沙功能，最终导致土地沙化。比如，近些年来，我国内蒙古境内滥挖野生药材的农民有20万人次，涉足的草场面积约为2.2亿亩，致使草场面积遭到严重破坏，加速了土地沙化的扩展。

4. 水资源利用不合理。随着农业、林业用地面积不断增加，对水资源的需求量也在急剧增长。水资源短缺矛盾的出现，进一步导致地下水位不断下降。根据有关研究，在干旱、半干旱地区要维护其生态环境，地下水埋深维持在2～4米较为合适，否则不能满足天然植物正常用水。地下水位下降，使森林失去再生能力，幼苗无法生长，幼树成片死亡。而地表植物衰亡加速了土地的沙化。比如，我国陕西关中地区年均地下水位下降达2米多，直接引起地表植被衰亡，土地沙化加快。

沙化的危害及防护措施

土地沙化有哪些危害?

土地沙化是一个循序渐进的过程，但它造成的危害却是持久深远的。土地沙化不仅对当代人产生重大影响，而且还将祸及子孙后代。据专家估算，中国每年因土地沙化造成的直接经济损失高达540亿元，直接或间接影响近4亿人口的生存、生产和生活。此外，土地沙化还恶化了生态环境，降低了土地生产力，威胁江河的安全，加剧沙区的贫困。土地沙化的危害主要表现为：

土地的生产潜力衰退

土地沙化使土地上的作物生产潜力逐渐衰减、消失。比如，美国大平原、哥伦比亚河流域、太平洋西南部分地区、科罗拉多河流域等地区，就有大面积土地长期受到沙化灾害的影响，造成土地上的作物减产，甚至颗粒不收。我国内蒙古东部、中部草原，由土地沙化所造成土地生产量及肥力的损失，每年约为4.5亿元。

土地生产力下降

20世纪90年代以来，在世界范围内，受土地沙化严重影响的农田，其产量明显下降70％～80％。全球每年这方面的损失就高达260亿美元。在美国

有90％的土地沙化现象发生在农业耕作土壤上，仅1934年的一次"黑风暴"灾害，造成了美国一些地区的冬小麦大幅减产，迫使16万农民离开土地沙化区。

草场质量下降

土地沙化还会给畜牧业带来严重危害。土地沙化直接导致草原生产力下降，在世界大多数草原地区，特别是在发展中国家的干旱草原地区，其草

原生产力大幅下降。近年来，我国北方畜牧区受到土地沙化的影响，草地生产力较之20世纪50年代普遍下降了30％～50％。土地沙化还会引发鼠害、虫害，并造成不可食牧草比例增大。由于土地沙化的危害，牧业发展长期受阻，不少地区已出现下降趋势。

自然灾害加剧

每年从沙区肆虐而起的风沙尘暴，不仅造成沙区附近地区视线不清，而且还散播到千里之外，造成大范围内空气浑浊，严重妨碍人类生产活动。风沙尘暴中的石英、微量元素、盐分等沙尘物质，还会严重污染空气、饮水、食物，并对人畜健康、机器和仪表产生直接损害。土地沙化不仅严重威胁着人类赖以生存的生态环境，而且直接影响着农业生产和经济开发建设。我国沙区目前有800公里的铁路和数千公里的公路，经常因风沙侵袭和压埋而影响交通；有数以千计的水库和大批灌渠遭受风沙侵袭，仅每年进入黄河的流沙可占全国流沙量的1/10以上。

由上可知，土地沙化的危害是多方面的。无论是出现的频度还是广度以及所造成的经济损失，土地沙化都不亚于地震、洪水、泥石流等。

对土地沙化应采取哪些防护措施？

治理土地沙化，事关人类的生存与发展和全球生态安全，可采取以下措施有序治理。

1. 保护现有植被，加强草木建设。在治理土地沙化的时候，应该根据实际情况解决好人口、牲口、灶口问题，严格保护沙区林草植被。通过植树造林、种植草被等有效措施，建立多林种、多树种、多层次的立体防护体系，扩大林草比重。在做好人工防治土地沙化的同时，还要充分利用生态系统的自我修复功能，加大封禁保护力度，促进生态自然修复。此外，由于飞机播种具有速度快、耗时短、成本低、效果好等优点，能够有效恢复人烟荒芜、交通不便、偏远荒沙、荒山地区的植被，因此要广泛利用飞机播种。

2. 在土地沙化地区长期开展生态革命，以加速土地沙化过程的逆转。最为关键的是，要合理调配水资源，保障生态用水。在我国西北地区，不合理的水资源调配制度造成河流缩短、湖泊萎缩甚至干涸、地下水位下降，进而导致土地沙化，这是一个急需解决的问题。

3. 合理执行计划生育政策，控制人口的急剧增长，不断提高人口素质。环境遭受破坏，大都是因为人的环保意识不够。通过开展环保意识的宣传教育，提高人的环保意识，对防治土地沙化起着关键作用。只要人人都付诸行动保护环境，自觉地参与改造和建设环境，相信一定能有效减缓土地沙化。此外，国家要有计划地对局部土地沙化严重、草地和耕地废弃、自然环境恶劣的地区，实行生态移民，降低人为因素对土地造成破坏的程度。

4. 扭转靠天养畜的落后局面，减轻对草场的破坏。要落实草原承包责任制，规定合理的载畜量，大力推行围栏封育、轮封轮牧，大力发展人工草地或人工改良草地，加快优良畜种培育，优化畜种结构。

5．大力调整产业结构，按照市场需求合理配置农、林、牧、副各业的比例。由于人口对土地造成了严重影响，因此应该积极发展养殖业、加工业等侵占土地较少的行业。此外，还可以充分利用土地沙化地区特有的多种资源，如光热、自然景观、民俗文化、富余劳动力等，开发旅游、探险、科考产业等。

6．调整农牧区能源结构，大力倡导和鼓励人们利用风能、光能、沼气等能源，以减轻对林、草地等资源的破坏。

7．加强防治土地沙化的国际交流与合作，争取资金与外援。防沙治沙，事关全人类的生存与发展，事关全球生态安全。目前，要落实上述目标，既需要全人类广泛参与，更需世界各国从制度、政策、机制、法律、科技、监督等方面采取有效措施，处理好资源、人口、环境之间的关系，促进土地沙化防治工作的有序发展。

第三章
我养不起这么多儿女

自从人类诞生以来，地球用她现有的资源养育了难以计数的人类。地球上的很多资源是难以再生的，或者要经历千百万年的演变才能恢复。一旦资源耗尽，人类在短时间内很难再找到资源替代品。

随着世界人口的剧增，地球上的资源逐渐匮乏，有些资源已经出现供不应求的危机。然而，世界总人口依然在持续增长。当有一天，地球上的资源不足以养活暴涨的人口时，人类又该何去何从呢？

值得注意的是，人类在资源开发方面，往往毫无节制、滥采滥开，造成资源高度消耗和浪费。

据科学预计，2050年世界人口将达到100亿，多么庞大的数目。如今，地球在人类无情的破坏下，已经伤痕累累，她还有能力养育如此多的人口吗？

有人设想，当地球难以承担庞大的人口时，可以让一部分人迁居到外星或者太空基地。可是，也许尚未等到人类实现愿望，地球就已经奄奄一息了。

目前，人类可以做到的是，控制人口增长的速度，并尽量节约现有资源，寻找新资源，为子孙后代铺一条路。

人口剧增，各种问题相应而生，地球怎能不忧心呢？我们赶紧行动起来吧，采取有效措施，为地球排忧解难。

孩子多了没饭吃

人最基本的生活需求就是温饱。如果一个家庭的孩子太多，而这个家庭的资源却是有限的，势必会造成一些孩子吃不饱、穿不暖。地球现在面临的一个难题就是，她需要养育的孩子实在太多了，且孩子的数目还在剧增，长此以往恐怕地球将不堪重荷。

庞大的世界人口

地球上有多少人口？

一个家庭，可能有多个儿女。在地球这个大家庭的中，地球母亲的儿女可谓数量超级庞大。

据科学分析，人类的祖先大概诞生在100万年前。数千年前，古埃及、古巴比伦、古中国等文明古国相继出现。

400多年前，地球上的人口大约为4亿。380年前，伟大的科学家伽利略提出了地圆学说，后来航海家哥伦布、麦哲伦等人进行远洋环球航行，验证了伽利略的地圆学说。西方列国得知地球上除欧洲之外，其他大洲上还生存着许多国家，于是西班牙、荷兰、英国等国家纷纷在非洲、美洲等大洲发展各自的殖民地。

200年前的18世纪，欧洲爆发了轰轰烈烈的工业革命，自此地球上人口的总数目急剧增加。

1800年，地球人口总数达到10亿，此后一直呈直线上升趋势。1930年，地球人口达到20亿，1960年达到30亿，1974年达到40亿。1987年7月11日，一个名叫马特伊·加斯帕的人在原南斯拉夫萨格勒布市出生了，他的出生标志着地球人口达到50亿大关。1999年，地球人口上涨到60亿，截止到20世纪末期，地球人口始终呈加速增长状态。

21世纪，地球人口增长速度逐渐减缓，但人口总数依然在持续增长。

2005年，地球人口已经接近65亿。据科学预计，2011地球人口总数将突破70亿， 2050年将达到100亿。

世界有哪些人口大国?

地球人口不断增长，主要取决于一些人口大国的人口增长。2007年，美国作了一项世界人口统计，其中超过一亿人口的国家有12个，其中中国约13亿人口，印度约11亿人口，欧盟（欧洲各国）约4亿人口，美国约3亿人口，印度尼西亚约2亿人口，巴西约1.9亿人口，巴基斯坦约1.6亿人口，孟加拉约1.5亿人口，俄罗斯约 1.4亿人口，尼日利亚约1.3亿人口，日本约1.2亿人口，墨西哥约 1.08亿人口。

在这些国家中，位于亚洲、非洲、南美洲等的发展中国家，人口急剧增多；美国、欧洲、日本等发达国家人口增长缓慢，但也呈上升趋势。

人口膨胀弊端无穷

为什么世界人口总在持续增长？

据调查，世界人口持续增长主要有三大原因：

1. 计划生育实施的力度不够。据调查，世界上目前至少1.2亿已婚女性和数目相当庞大的未婚育龄女性。尽管这些女性迫切希望采取有效手段控制生育，但是由于种种原因无法实现计划生育，导致新生人口不断上涨。

2. 世界上很多国家的家庭依然保持着传统观念，无法接受计划生育措施，导致以家庭为单位的人口数目愈趋增长，从而影响世界人口总数目。

3. 世界上育龄女性的绝对数很高，导致世界总人口的绝对增长数也很高。

人口增加存在哪些隐患？

地球大家庭中有那么多的人口，衣食住行都成了问题，可能会存在以下方面的隐患：

粮食不够吃

地球上有几十亿人口，都要靠粮食维持生命。但是世界粮食产量的增幅远远低于人口的增长速度，比如，一个人每年需要吃200千克粮食，但是世界粮食产量平均下来，每人每年只有100千克，明显不够吃。这就导致饥荒的隐患可能变成现实，一部分人会因为吃不上粮食而饿死。

人类的科学水平不断进步，发明出了杂交水稻、转基因大豆等高产农作物，缓解了部分人的吃饭问题。但是，自20世纪中叶以来，地球上的耕地面积增加了19%，而世界人口却增长了132%。如此大的悬殊，极可能出现粮荒。

此外，由于人类大肆圈地开发房产或者挪作他用，占用了部分耕地，因此最终导致未来粮食产量的增长不得不依靠提高现存耕地的生产率来实现。

让人感到遗憾的是，地球上现存耕地受到过度使用化肥、农药的污染，作物产量大幅提高的前景不容乐观。

淡水不够喝

每个人都知道，水是生命之源。虽然地球水的总量约为14亿立方千米，但是淡水只占总水量的2.53%左右。更为严峻的是，地球上的淡水资源主要分布在南北两极的冰雪中，人类可直接利用的地下淡水、湖泊淡水和河床水，仅占地球总水量的0.77%。

目前，短缺的淡水因人口激增而日益珍贵。比如，印度水资源只占全球的4%，但却需要养活占全球17%的人口。最新数据显示，到2050年印度常年的总耗水量预计将猛增，从目前的6340亿立方米增加到1.18万亿立方米。

据调查，目前全球约有8.84亿人不能享用淡水。近年来经济危机席卷全球，很多国家不能及时保护和开发淡水资源，而是以破坏环境、浪费淡水为代价发展经济。但是，人类必须清醒地认识到，一旦饮水危机到达不可收拾的地步，任何经济上的壮大都是徒劳。据联合国教科文组织估计，实现安全用水的千年发展目标可以为全球节省超过840亿美元的费用。由此可见，只有一方面保护淡水资源一方面发展经济，才是一举两得的良策。

鱼类和肉类食品的危机

随着地球人口的急剧增加，目前人类对海味的摄入量比50年前增长了5倍。这种情况造成大部分渔业资源的捕捞量达到或超出其可承受的极限。据

调查，在全球15个主要海洋渔业区中，有11个渔场捕捞量下降。由于海洋渔业资源日渐枯竭，未来对海味需求的增加只能靠渔业养殖来满足。而当世界转向以水产养殖满足其需求时，鱼类便开始与家畜家禽争夺饲料，如谷类、大豆粉和鱼粉等。自从1950年以来，世界肉食产品增加速度几乎是人口增长速度的两倍。据美国农业部统计，在1998年世界18.7亿吨的粮食产量中，有37%用于喂养家畜家禽，生产牛奶、鸡蛋及肉食类产品。

总而言之，海洋渔业资源的枯竭将间接引发肉食资源匮乏，这将给人类的生活所需带来严重影响。

就业压力

人口的增长提高了对劳动力的需求，同时必将明显促进劳动力供给。当人口增长使劳动力供需失衡时，工资超减。而工作量不会因剩余劳动力环境迅速改善，因为就业者将被迫延长劳动时间，但各种津贴会减少，而且降低对作业活动的控制能力。

由于今天的孩子就是明天的劳动者，所以人口增长与就业间的相互影响在年轻人口居多的国家最敏感。半数以上人口年龄在25岁以下的国家，如波兰、墨西哥、印度尼西亚和赞比亚，将感到这个劳工潮的重要。就业除给人们以自尊和自立感外，还是获得食品、住房、医疗服务和教育的关键。

收入问题

在人口减少最快的发展中国家，收入增长往往也最快，包括中国、朝鲜、印度尼西亚和马来西亚等。而那些忽视计划生育的非洲人口众多的国家，已被大量真正需要接受教育和就业的青年人问题所困扰。

如果世界各国不能同时把经济转向资源可持续利用和人口较低增长的轨道，经济的衰退将是难以避免的。

住房压力

如果人口增长的速度超过住房供给的速度，最终将导致部分人的无家可归。据联合国估计，世界上至少有1亿人（大约相当于墨西哥的人口数）无家可归。如果把那些临时住所者包括在内，无家可归的人的总数量最高达10亿。

如果在世界范围人口增长不能得到控制，将来无家可归者的队伍很可能惊人地膨胀。

教育问题

在童龄人口比例不断增大的国家，教育组织面临的压力将非常沉重。世界上人口增长最快的国家大部分在非洲和中东，其童龄人口在未来50年中将平均增长93％。整个非洲到2040年其学龄人口将增长75％。

如果各国教育组织广泛地进行成人教育，还会影响那些童龄人口日益减少的国家。

自然保护区遭破坏

在世界各大洲，受到人类急剧增长的影响，自然保护区的规模不断减少，而且质量在不断降低。

有些国家的人口增长速度非常快，远远超越了其自然资源承载能力。于是，这些国家的自然保护区域变得特别脆弱，极容易遭受人类的破坏。比如，亚洲、非洲和拉丁美洲大多数的国家公园、森林和保护区，已为当地人栖居或被用于自然资源。

在许多的发达的工业化国家，移民

人口的增长也在危及自然保护区。比如，随着几百万新移民来到美国佛罗里达西部，当地的沼泽地国家公园遭到了新移民的严重破坏。

急剧增长的人口，不仅打破了保护区目前的平和和恬静，而且可能造成异彩纷呈的自然环境和文化景观消失殆尽。

森林

从人类历史的大部分时期来看，全球森林面积减少是随着人口的增长而推进的。

在拉丁美洲，由于当地人主要以经营牧场为生，造成大面积森林被砍伐改作牧场。此外，由于拉丁美洲人口大幅增长，大批人过量采集木材，导致当地大片原始森林退化了15%。

据调查，近几十年人类对木材需求所造成的森林砍伐，与人均木材消耗量的上升密切相关。从1961年以来，全球人均用纸和纸板的数量翻了一番。

森林面积的锐减导致森林功能衰退，包括野生动植物生存环境、碳贮藏量（调节气候的关键）、土壤浸蚀控制、跨雨旱季蓄水以及降雨量调节。

生物多样性

6500万年前白垩纪末期恐龙绝迹后，自从人类统治了地球，物种以100～1000倍的自然速率消失，这是动植物最大量灭绝的时期。造成物种灭绝的根本原因，是由于人口密度增大，导致动植物生存自然环境的恶化。

沿海地区自然环境特别适于生物繁衍，但又非常脆弱。世界上沿海地区的人口总数约占世界人口总数的60%，如此多的人口，对沿海地区的环境造成了严重破坏。例如，沿海湿地繁殖了世界所有营业性捕捞2/3的各种鱼类，然而人类的逐渐侵入及其污染使沿海地区的环境日益恶化：粗略估计世界盐沼和红树沼的1/2已消失或被彻底改变，而且世界2/3的珊瑚礁已退化。随着沿海移民的不断增长，估计不出30年沿海居民可能要占到世界人口的75%，其产生的环境压力很有可能继续增加。

气候变化

在过去的50年里，人类燃烧矿物燃料释放的碳化物质的增长速度几乎是人口增长速度的两倍。导致温室效应的二氧化碳的浓度比前工业时期提高了30%。由矿物燃料的使用导致的碳排放量约占世界碳排放总量的3/4。因此，在经济活跃及相应用能增长最快的地方，有出现区域性碳排放增长的倾向。由于中国迅速发展的经济大量依赖于煤和其他富碳能源资源，所以在未来50年中国的碳排放增长速度预计比人口增长速度要快。

据估计，在未来的半个世纪中发展中国家的碳排放量将增加3倍，而工业化国家的碳排放将增长30%。尽管工业化国家目前每年碳排放量仍高于发展中国家两倍，但到2020年，后者将超过前者。

如何控制人口增长？

要控制世界人口的增长，计划生育是必经之路，尤其在一些人口大国，计划生育显得攸关重要。

但是计划生育也有治本与治标之分。治标就是采取行政、经济等手段强制实行生育政策以降低出生率。而治本则是建立以社会养老制度为主体的社会保障体系，从而使人们自觉地实行生育政策。治本的关键在于改变人们传统的生育观念，那么传统的生育观念是什么呢？那就是早为人们所共知、熟知的"传宗接代"、"多子多福"、"养儿防老"、"重男轻女"等。传统的生育观念的核心是"养儿防老"。因此只有建立以社会养老保障制度为主体的社会保障体系，才可以改变人们传统的生育观念。

万众瞩目的人类迁居

当有一天，地球难以承载暴涨的人口时，人类是否真的能够迁居到太空基地或者外星？面对严峻的现状，人类是否有把握迎刃而解？对于未来，应该充满希望，还是陷入迷茫？人类迁居，已成为一个必须重视的话题。

移居月球基地

地球人口达到饱和怎么办？

地球的承载能力是有限的，当人口达到地球所能承载的饱和度时，如果人口继续增长的话，就不得不想办法让"多"出来的人从地球迁居。

人类从地球迁居，一直是倍受科学家关注的事情。很多致力于外太空探索的科学家，在努力寻找适合人类居住的第二个地球。但是迄今为止，科学家尚未发现类似目标。

那么，人类从地球迁居还有希望吗？当然有，只要我们不懈努力，不断壮大科技力量，一定可以找到行之有效的办法。

神奇的月球基地

对普通人来说，建造月球基地是一件不可思议的事。但对科学家来说，这件事早已成为他们奋斗的目标。为了建造月球基地，科学家们进行了长期探索，而且正在积极准备达成目标。

　　美国是世界上最早决定建造月球基地的国家。据报道，美国筹划耗资1000亿美元，在月球上建立一座临时太空城。这一计划将分三个阶段进行：首先建立一个临时基地，人数从十几人逐步增加到数十人，这些人将在月球上完成开采矿物和冶炼试验的任务，为建造永久基地作准备。其次，把临时基地发展为中小型永久基地，人数增加到百余人，逐步完成从开采、冶炼到运输的整套生产系统。最后，把中小型永久基地发展成可容纳数千人的月球城，各种类型的生产、生活、娱乐设施逐渐完备，物资自给自足有余，还可以向地球"出口"。

　　美国准备建造的这座月球基地是一座圆形3层建筑物，每层高4.5米，直径64米，占地8000平方米。基地的屋顶由混凝土建造，再覆盖上月球土，厚约0.7～2.5米。基地的墙壁分内外两部分，外墙厚1.4米，内墙厚2.5米，内外墙中间夹0.7米厚的月球土。之所以把屋顶和墙壁建得如此厚，是为防御宇宙射线、太阳

风的干扰，以及陨石的撞击。另外，月球基地中间还建造了一个圆形防空洞，一旦基地受损，大气外泄，里面的人就可以躲入防空洞避难。

　　与美国并驾齐驱的是日本。日本的未来工程学研究所成立了"月球基地与月球资源开发研究会"，打开了建造月球基地的蓝图。该所召集了日本20多家先进企业的技术专家，共同商讨出分五个阶段实现建造月球基地。第一个阶段，派机器人到月球进行调查探测，选择出建造基地的部署方位，绘出月球资源分布图。第二个阶段，建造可供6～8人居住的临时基地，直径为6米，长为11米。人们可以不定期地在临时基地工作，时间为几天到几周。第

三个阶段，基地扩大到可供8～32人居住，给基地安装上可防止阳光强烈辐射的保护装置，工作人员可在基地连续工作3～12个月。第四个阶段，基地进一步扩大，工作人员增至64～125人，居住时间长达1～5年，逐步解决基地的氧气自给问题和农场建设问题。第五个阶段，基地做到完全自给自足，开始进行能源生产，并在月球和地球之间开辟定期航线，使月球基地成为人类的太空居民点。

人类建造月球基地的设想是美好的，可是实施起来却困难重重。首先要解决的第一个问题是，人类要想在月球上正常生活居住，离不开必不可少的淡水和氧气，可月球上既没有水又没有空气，这怎么办呢？科学家经过探索发现，月球的沙土中含有很多的氧，完全可以用月球沙土制造出淡水和氧气。具体过程是，先用机器人控制铲车挖掘出月球沙土，从中选出含氧的铁矿物，然后用氢还原含氧铁矿物，制造出淡水。有了水，再利用通电电解的办法，分离出氧气和氢气。把氧气液化贮存了，就可以随时向基地的居民供应。最初用作还原剂的氢是从地球上运到月球的，而电解水获得的氢可以循环使用。据估计，190吨月球沙土约含15～16吨含氧铁矿物，可制造出1吨氧气。1吨氧可供10人呼吸一年。

第二个问题是，人类要想在月球基地上生活，还必须有充足的食物供应。食物从哪里来呢？不用愁，科学家在太空站上进行了大量的生物

实验，先后培育出了100多种"太空植物"，包括小麦、玉米、西红柿、大豆、萝卜、卷心菜，等等。科学家已经通过实验证明，在太空失重的条件下，植物种子在月球土壤中发芽率更高，生长更快，开花或抽穗时间更早。此外，科学家还证明了在失重状态不会影响新生命的诞生。在太空站里，果蝇能像在地球上一样交配、产卵、繁殖后代；蜜蜂能够筑巢，蜂王照样生儿育女。在飞船上搁置了59天的鱼卵，回到地面全都顺利地孵出了鱼苗。哺乳动物也不例外，雌鼠、雄鼠放在笼子里送上太空，照样能生育后代。因此，只要在月球上建立起月球农业和养殖业基地，就可以制造出充足的食物供给人类生活需求。

第三个问题，如何解决月球基地的能源供应？这个问题更容易解决。月球上无风无雨，有充足的阳光照射，太阳的辐射强度约为地球上的1.5倍。因此，月球上完全可以利用太阳能来照明、供热、采暖、发电。当然，如果需要的话，还可以在月球上建立核电站，以保证基地能源的充足供应。

进行太空旅行

人类未来的家——"宇宙岛"

随着科技的发展，人类向往着到宇宙的其他地方去生活。为此，科学家们提出了很多大胆的设想，建立"宇宙岛"就是其中一种。

地球就如同一个悬在太空中的巨大圆球，它具备很多特殊的优越条件，能够使数以百万种生物赖以生存、生息繁衍。科学家们以地球为参照

物，计划建造一座"宇宙岛"。这座岛是一个直径5000米的空心巨球，里面设置了住宅、树林、河流等可供人类生存的东西。科学家利用先进的发射技术，将这座"宇宙岛"搁置在太空中，它每分钟自转两周，

而且在"赤道"处能产生与地球一样的引力，生活在里面的人感觉像在地球上一样。

不过，"宇宙岛"的引力会随纬度的增大而减小。在"南北纬"60度的地方，引力只有地球引力的一半，体重60公斤的人到了这个地方，就"变成"30公斤了。在"南北纬"75度的地方，引力变得更小，60公斤的人只有15公斤。而到了"两极"，引力几乎等于零，人将处于失重状态。

为了消除因失重对人造成的不适感，科学家根据"宇宙岛"上不同纬度的引力情况，别出心裁地安装了各种设施。例如，在纬度75度的地方建造一个芭蕾舞剧场，这样舞蹈演员就可以轻松自如地跳5～6米高，然后轻轻地飘落下来，使优雅的芭蕾舞姿更加迷人。在"宇宙岛"的两极，建造一个滑翔机俱乐部。由于失重，滑翔机能长时间在空中自由翱翔。在高纬度地区还可建造一系列的医院和疗养院，由于高纬度地区重

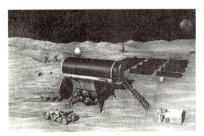

力比较小，那些腿脚不方便的病人走起路来就比较容易了。

与地球相比较，"宇宙岛"上的气候可以随意调节。科学家在岛内设置了一个200米长的管子，可根据人的需要随时降雨。

综上所述，"宇宙岛"的设想真是妙不可言。就目前的科学水平而言，建造一个这样的"宇宙岛"并非不可能。但问题是，这样的"宇宙岛"最多只能容纳一万人，这对减轻地球人口压力来说，显然是微不足道。于是，科学家们设想建造更大的"宇宙岛"，其模型如同一个圆筒，直径6.5公里，长32公里，"陆地"面积约270平方公里，比日本的大阪还大，可居住几百万人。圆筒内设置有住房、河流等，这里还可以人为控制一年的四季，如需要的话，还能把雨变成纷飞的瑞雪。

这个带有神话色彩的"宇宙岛"设想，最初是由美国科学家提出的。科学家估计，即使一些人口大国能够很好地控制人口增长，到2020年人口也将达到80亿，进入2035年，全世界人口甚至会突破100亿，如此多的人口，就可能超越地球的承受能力，因此必须想办法让一部分人从地球迁居出去。

"宇宙岛"计划，可以解决地球人口压力过重的尴尬局面。而且可以为地球节省很多能源。这是因为，宇宙空间的太阳能是取之不尽的，而地球上只有晴天才能利用太阳能。"宇宙岛"在宇宙空间可以一天24小时充分利用太阳能发电，然后人们再利用电能进行一系列活动。在宇宙空间生活，除了水需要从地球运去之外，其余所有的物质都可以取之于月球。

关于"宇宙岛"的停留位置，科学家进行了大量的研究，这个地点必须是地球和月球对"宇宙岛"引力相等的地方，使"岛"不至于发生漂流。

实现星际旅行

21世纪以来，根据人类目前的科技水平，人类在宇宙的活动范围将限制在太阳系内。太阳系中的水星和金星这两颗行星，因其温度全都超过400℃，不可能成为人类活动的空间。木星也不可能成为人类的活动空间，因为人类乘坐现代最先进的宇宙飞船，从地球到达木星也需要1000多天。

就环境而言，火星与地球比较相似：表面温度-140℃～20℃，覆盖着一层很薄的大气。此外，乘坐宇宙飞船从地球出发抵达火星只需240天。基于这些因素，火星被视为21世纪人类活动的新场所。

可以设想一下，到21世纪中期，人类极可能在地球附近创建出很多太空站和太空港，火星将成为新的疆界，人类可以在火星上从事自己的活动。

不过，人类若想在火星上活动，必须先解决两个问题。

首先必须使人类适应长期在太空中的生活。科学家告诉我们，一个人即使不做任何工作，一直躺在床上，一昼夜也需要消耗1公斤的氧气。人类呼吸氧气释放出二氧化碳，当二氧化碳总量达到20%～30%时，宇航员就会窒息而死。如果人类乘坐宇宙飞船前往火星，就必须在飞船上设置可以吸收二氧化碳的装备，还要携带可供飞船上所有人呼吸约两年时间（前面提到，从地球抵达火星需240天）所需的氧气。

另外，还需携带飞船上所有人员所需的水和食物，若不考虑重复利用，一个人一昼夜约需600克干食品和2000毫升的水。假设飞船上只有3名成员，在往返火星的途中，也需消耗食品和水源约10吨。这可是一项沉重的负担，为了减轻这个负担，必须使用再生循环系统。

该循环系统将由人、植物、鱼类和一些处理机器构成。

首先，把飞船上所有人员一天的排泻物与水混合，然后粉碎，经几道处理和微生物分解后，一部分作为植物肥料，另一部分混入一些饲料后喂给饲养的鱼。这样一来，水分可以净化后重新使用，所消耗的东西可通过生物循环，以鱼肉以及蔬菜的形式再次作为食物供飞船上的人员食用。

至于工作能源，可以充分利用取之不尽的太阳能。飞船上的人所需的氧气和释放的二氧化碳，均可由植物及专门培育的球藻类植物完成。经科学家估算，3平方米的南瓜叶子完全可以产生满足一个人一天的氧气需求。而一个65升的充满水和小球藻的鱼缸，可以产生满足一个人几天之内的氧气需求。

由此可见，为了让人类适应长期的太空生活，这一套小小的生态循环系统是必不可少的。有了这样一个系统，再加上人类所掌握的长期的太空生活经验，作一次两年左右的太空旅行看来是不成问题的。

解决了长期太空生活的问题后，第二个问题就是怎样建造并发射重达几百吨的巨型宇宙飞船了。这个问题，美国和俄罗斯科学家一致认为，可以利用航天飞机或运载火箭将飞船的部件分批发射到环绕地球的轨道上，然后再由驻留在轨道空间站中的技术人员进行飞船的装配。这样，一架航天飞机只需作10～15次飞行就可以将所需材料全部送上天。俄罗斯科学家还提出建造发射能力达100吨的大推力运载火箭，这样仅需2～3次就可以将部件全部送入轨道。

装配好的巨型宇宙飞船看起来像个大飞艇，前面船头部分是驾驶舱，后面船身是宇航员休息及存放物资的货舱。在这艘巨型宇宙飞船背上还有一只

小的登陆飞船，当巨型宇宙飞船进入火星轨道之后，将在火星旁边的轨道上进行环绕飞行，而登陆飞船将带上3～4名登陆队员直接在火星登陆，进行科学考察。考察完毕，登陆队员将携带采集的各种火星资料和矿物标本再次乘登陆飞船返回巨型宇宙飞船，然后返航回到地球。

　　人类的智慧是无比强大的，到21世纪中叶，正式的火星开发就会展开。相信到时凭借人类的科学技术，一定可以建造出适合人类居住的火星城市。

第四章
阿嚏，忽冷忽热，感冒了

地球也会"感冒"吗？是的，而且"病情"似乎越来越重。

地球患了感冒可了不得，她打个喷嚏就是一场洪水，她忽冷忽热就可能导致反常寒冬和气候变暖，她眼冒金光就造成电闪雷鸣。地球一系列的感冒反应，都会给人类带来严重的灾难。

人得了感冒，可以到医院去找医生，可以打针、吃药。地球得了感冒该怎么办呢？谁来给她治？今后又该如何预防地球不感冒呢？

能回答这些问题的只有人类，是人类破坏环境、破坏生态的行为酿成了地球感冒。也只有人类能够治好地球的感冒。

别再让恶心的鼻涕泛滥

地球的鼻涕——洪灾，被称为人类的头号杀手。在洪灾泛滥的时候，人类必须任其宰割吗？不，人类的智慧和能力是无穷的，战胜洪灾不在话下。但是人类更应该做的是，积极采取有效措施，彻底消灭洪灾！

人类头号杀手——洪灾

地球也会感冒吗？

人着了凉或者受到流行感冒病毒等因素的影响，往往会患上感冒。地球受到大自然的影响，也是会突发感冒的。大家都知道，人感冒的时候，难免会流鼻涕，而地球感冒了，也容易流鼻涕。

鼻涕是让人厌恶的一种东西，地球的鼻涕则是一种恐怖的产物。如果地球的鼻涕泛滥了，那可了不得，它的鼻涕是人类的头号杀手——洪灾。

1998年，我国发生特大洪灾。这场洪灾涉及29个省、市、自治区，造成上亿人受灾，摧毁了近500万所房屋，淹没了近2000多万公顷土地。

2006年，印度东北部的阿萨姆邦、特里普拉邦遭受特大洪灾袭击，受灾人口达2600万人，16万人无家可归，近3000个村庄被淹没。

2008年，美国爱荷华州、威斯康星州、密苏里州、伊利诺伊州等地区遭受特大洪灾袭击，情况十分严重。

由此可见，洪水是一种多么可怕的灾难。

什么是洪灾呢？

说起洪灾，不得不提及洪水，洪水是导致洪灾的根源。"洪水"一词最早出自我国先秦时期的《尚书·尧典》。这本书中记载了4000多年前黄河的洪水。

洪水的科学定义为：由于特大暴雨、急骤融化的冰雪、特大风暴潮等自然因素，引起江、河、湖的水量迅速增加、水位迅猛上涨的水流现象。当某个流域内的径流量超过其泄洪能力时，大量水流就会漫溢两岸或造成堤坝决口，这就造成了洪灾的发生。

洪水一般发生在人口密集、耕地垦殖度较高、江河湖泊集中、降雨充沛的地域，比如北半球暖温带、亚热带就时常发生洪灾。

洪灾的发生具有明显的季节性特征，往往发生在每年的4～9月，而且极可能重复发生。比如，每年的夏季，我国长江中下游地区就可能发生洪水。

洪灾有哪些危害？

洪灾作为人类的头号杀手，其危害可想而知。洪灾严重危害国家经济建设和人民生命财产安全，造成的损失是多方面的。

在农业方面，洪水一泻千里，直接冲毁农作物或者淹没农作物，导致粮食大量减产甚至颗粒无收。洪水带来的大量泥沙，还可能压毁作物或者堆积在田间，导致

土壤的肥沃度下降，最终造成农作物连年减收减产。

在城乡居民家庭财产方面，洪水过后，房屋被冲塌或者被淹没，直接吞没居民财产，给居民造成生命隐患，并导致居民无家可归、流离失所。

在工矿企事业方面，洪水淹没工厂、机关、单位的设备和财产，迫使工厂停产、机关停职、单位停工。

在交通运输电力方面，洪水可毁断铁路、公路、输电线路等设施，致使运输、电力部门停业、停产，直接造成经济损失。

在水利方面，洪灾导致大坝溃决、堤防溃决，并冲毁渠道、桥梁、涵闸等水利工程，带来的损失不可估计。

洪水到来前应该作哪些准备?

洪灾往往发生在沿海地区、河谷等地，对于这些地带的居民来讲，如果出现持续大雨或者特大风暴，就必须警觉，以防洪水泛滥。具体来讲，可作以下准备。

1. 积极收集信息。现代通信设备已经比较发达，信息传递快捷简便。雨季来临时，一定要多多收听新闻，关心洪水警报，以求最全面了解水面可能上涨到的高度和可能影响的区域。

2. 作好防御准备。洪水来临之前，往往有充分的警戒时间。暴雨过后，虽然在短时间内可能会出现激流，但是形成洪水的时间是相对较长的。

面对可能发生的洪灾，应该在房屋外面筑起一道防水墙。建造防水墙的材料最好采用沙袋，也就是用麻袋、米袋、面袋等不易被撕破的袋子装入沙石、碎石、煤渣等。最好这项准备后，还应该用旧地毯、旧毛毯、旧棉絮等塞堵好门窗的缝隙，以防水流泻入屋中。

3．必要的物资准备。洪水即将来临时，应该准备好充足的物资，这样就可以大大提高避险的成功率。首先应该准备好通信设备，以便及时了解各种相关信息。其次应该准备好大量饮用水和食物，最好是罐装果汁和保质期长的食品。再次应该准备好保暖的衣物以及治疗感冒、痢疾、皮肤感染的药品。最后应该准备好可当做通信联络的物品，如手电筒、蜡烛、打火机、颜色鲜艳的衣物等，以防不测时当做信号。

4．学会制作简易逃生工具。洪水一旦发生，极可能一发不可收拾，其破坏力人力难以抵抗。这就要求，平时要学会制作水上逃生工具，可以采用一些入水可浮的东西，如用木床、木梁、衣柜等绑扎成木筏，也可以用体积大的油桶、储水桶等做成简易小舟。此外，还可以用足球、篮球、排球等浮力较好的物品做成紧急救生圈。

5．尽量学会游泳。即使在没有发生洪灾的情况下，游泳也可锻炼身体，强健体魄。当洪灾来临时，会游泳的人比不会游泳的人存活的几率要大得多。

遭遇洪水后如何自救?

洪水波及范围比较广，当洪水来势凶猛，我们来不及转移时，就会被洪水围困。这时，我们千万不能坐以待毙，应该积极行动起来进行自救。

1．向高处转移。要采取就近原则，迅速向山坡、楼房、避洪台等高地

转移，或者马上爬上屋顶、楼房高层、大树、高墙等高的地方暂避，等候救援人员营救。

2．关闭一切开关。洪水到来前，如果时间允许的话，出门时要记住关闭煤气阀、电源总开关等。如果时间充足的话，还可以把贵重物品收藏到柜子里，以免家产被水流冲走。

3．充分利用救生器材。被洪水围困而避难的地方又难以自保时，应该充分利用可以逃生的器材，如门板、桌椅、木板凳做成简易木筏逃生。

4．积极寻求救援。被洪水包围后，要设法尽快与救生部门取得联系，及时通报自己的方位和险情，积极寻求救援。在没有把握的情况下，不要轻易选择游泳逃生，这是因为洪水中可能出现漩涡，或者暗藏对人体造成伤害的物品。

5．尽力让自己漂浮起来。如果洪水突然降临，来不及逃生，千万不要惊慌，你可以头部向上，两手侧平伸，让身体平躺下来，这样就不容易被卷到水底，还可保持呼吸。同时应该注意，头部应与上游方向一致，这样在洪水下冲时头部不容易受伤，还可以观察周围的情况。当身体随洪水漂流时，应该见机行事，手脚尽可能勾住、抓住身旁固定的物体，使身体停止随波逐流。如果找不到固定物体，也应该尽可能抓住身边的漂浮物以自救。

6．远避高压线。洪水往往造成高压电网短路、漏电，当你看到周围有高压线头下垂时，一定要立即远避，防止直接触电或因地面"跨步电压"触电。

谨防洪灾后的灾难

洪灾过后就安全了吗?

不是的，洪灾后的隐患甚至比洪灾发生时造成的危害还要严重，我们必须时刻提防。洪水过后，很多东西都被摧毁，可能到处都是废墟和动物尸体。这个时期，人们可能缺少食物。需要注意的是，千万不能吃那些动物尸体，因为动物尸体经过水的浸泡和污染极可能已经腐烂或者发生病变，正确的做法是及时将动物尸体掩埋或者烧掉。洪水过后很多淡水也可能被污染，在饮用前必须彻底消毒。

洪水后出现食物中毒怎么办?

洪水之后，一些人可能饥不择食，胡乱吃一些被污染过的食物，最终导致食物中毒。食物中毒的人可能出现恶心、呕吐、腹泻等症状，严重时还会脱水和血压下降而导致休克。

一般来说，轻度食物中毒可自愈，严重者则必须尽快送往医院，由医生处理。预防食物中毒，应该了解哪些食物可能引起食物中毒。洪水过后，除了一些密封类食物外，凡是被洪水浸泡过的食物都不能轻易食用。已经死亡的畜禽、鱼虾，腐烂的蔬菜、水果都不能吃。严重发霉的大米、小麦、玉米、花生等粮食以及剩饭剩菜、生冷食物都不能吃。此外，对于来源不明的没有用专用食品容器包装的或者没有食品标志的食品也不要吃。值得注意的是，洪灾过后应该及时清理被浸泡的食品加工场所，如食品厂、食堂、家庭厨房等。

洪水后被动物、昆虫伤害怎么办？

洪水期间，一些原本安逸生活的动物和昆虫，如蛇、狗、蜂、蚂蟥等常常会四处活动，如果不幸被这些生物咬伤、螫伤，轻者可发生局部瘙痒、疼痛，皮肤过敏，重者则全身不适，甚至危及生命。

如果被蜂、蝎子、蜈蚣螫伤，应立即将伤口残留的螫刺剔除，然后进行消毒处理。如果被毒蛇咬伤，在送医院之前应该先进行应急伤口处理，可以用止血带扎紧伤处上方，防止毒汁向全身扩散。同时，还应尽量挤出或吸出伤口中的毒汁。处理时，可以用手挤压伤口使毒液渗出，也可以用口反复大力吸出伤口的毒液，但需要注意的是必须边吸边吐，边用清水漱口。如果被蚂蟥叮住，最好不要硬行拔掉，以免蚂蟥吸盘留在皮肤里造成感染。可在蚂蟥叮咬住的部位上方轻轻拍打，或者用食盐、酒精、烟油等撒在蚂蟥的身体上，使蚂蟥放松吸盘自行脱落。如果被猫狗等动物攻击导致皮肤受伤，则应该立即用清水清洗伤口，并及时把伤口处的血液挤出一部分，然后（在72小时内）接种狂犬疫苗。

洪水后皮肤感染了怎么办？

很多人在洪灾期间饱受洪水浸渍，时间一长就可能将皮肤浸泡糜烂，严重时还可能造成局部感染和溃疡。人的手指、脚趾间的部位长期泡在温湿污浊的水中，可能出现红斑、丘疹，严重时还会出现水疱，甚至肿胀。出现这些情况后，首先应该用扑粉扑于洗净晾干后的患处，或于轻度糜烂处用3%的硼酸粉湿敷，待干燥后外用激素或抗生素软膏涂擦即可。如果情况难以得到改善就必须尽快前往医院就诊，在医生指导下用药物控制感染。

惨了，忽冷忽热，眼冒金光

地球感冒后，难免情绪失控，她会给人类带来可怕的灾难，比如反常寒冬、气候变暖、特大雷电。人类不能坐以待毙，只要不遗余力去防治，就能战胜灾难。不过人类也应该反思，这些灾难的发生，是否与人类自身的所作所为有关。

反常寒冬二三事

地球上的那些"风花雪月"

2008年3月，寒冷天气突袭英国，给人们的节日生活带来诸多不便甚至是危险。尤其是多塞特郡的海滨胜地伯恩默思，该地的气温由20摄氏度左右降至7摄氏度，一些出游的人不得不裹着厚衣在海滨散步，而2007年的同一时期，人们则是惬意地躺在沙滩上，享受着日光浴。

2009年6月，我国新疆哈密北部巴里坤草原普降雨加雪，迎来了反常的寒冬天气。当地的村庄和草地一片白茫茫，与我国中原地区的酷热形成强烈对比。

2010年2月，一场特大暴雪导致大部分美国联邦政府机构关闭，商店关门，断电断水，公共交通停止；很多居民不得不奋力铲雪，要不然连门都出不去。一位华盛顿居民说："我在这儿住了30年了，从来没见过这么大的雪。"

为什么气候会变冷？

气候变冷有多方面原因，但主要还是由于寒潮作祟。

寒潮是一种灾害性天气，俗称寒流。在我国，寒潮指的是北方的冷空气大规模地向南侵袭，造成大范围急剧降温和偏北大风的天气过程。寒潮普遍发生在秋末、冬季、初春时节。

寒潮是怎样形成的呢？这跟大气密度、大气压力、太阳光照等多种因素有关。

在北极地区的春夏时节，由于太阳光照比较薄弱，地面和大气获得热量相对较少，加之常年冰天雪地，因而这一地区的寒冷程度相当高。到了冬天，太阳光的直射位置越过赤道，到达南半球，造成北极地区的寒冷程度进一步增强，寒冷范围进一步扩大，气温通常都在零下40℃～50℃。当范围很大的冷气团聚集到一定程度，在适宜的高空大气环流作用下，就会大规模向南入侵，形成寒潮天气。

每当寒潮爆发后，北极地区的冷空气就会减少一部分，气压也随之降低。但经过一段时间后，冷空气又重新聚集起来，孕育着一次新的寒潮的爆发。

寒潮会造成哪些危害性影响？

寒潮是一种大规模天气过程，其长度可达几百千米到几千千米，移动速度可达每小时几万米，与火车的速度差不多。寒潮经过的地区，可能出现大风、霜冻、雪灾、雨凇等灾害，对农业、交通、电力、航海，以及人们的健康都会造成很大的影响。

寒潮大风

寒潮大风的风力通常为5～6级，当冷空气强盛或地面低压强烈发展时，风力可达7～8级，瞬间风力会更大。寒潮大风在我国的地理分布非常广泛，几乎遍及我国的所有地区。发生在我国的寒潮大风具有区域性特征，大多数地区的寒潮大风年平均日数在20～70天左右，西北、华北、东北地区和青藏高原在10～75天左右，西南、华南地区及长江流域在3～25天左右。寒潮大风对农业生产、渔业生产、航运和军事活动等都会造成很大影响，严重时可酿成灾害，给国民经济带来巨大的损失。

寒潮冻害

寒潮天气有一个显著特点，当它发生时会造成剧烈降温，引发作物霜冻、河港封冻、交通中断等灾害，给工农业带来巨大的经济损失。寒潮冻害特指冬季严寒对过冬作物的冻害。寒潮天气的过程是北方高纬度地区的强冷空气大规模南下，其所经之地和所到之处通常出现剧烈降温和大风。当气温下降到0℃（冰点）以下或较长时间持续在0℃以下时，就会导致过冬作物丧失一切生理活动，甚至造成植株枯萎或死亡。严重的低温也会引起牲畜患病或冻死，造成严重的农牧业气象灾害。

寒潮雪灾

在寒潮发生的过程中，最突出的天气是降雪（雨）、大风和剧烈降温。冬季适量的积雪覆盖对于农作物过冬、增加土壤水分、冻死害虫卵、减轻大气污染等是有益的，但寒潮带来过多的降雪，甚至连续数天或十多天的暴风雪，就会对农作物造成灾害。在牧业区，寒潮暴风雪经常对畜牧业酿成严重灾害，如牧草被雪深埋，牲畜吃不上鲜草，干草供应不上，这就导致牲畜冻饿或染病，发生大量死亡。

寒潮雨凇

寒潮雨凇一般在初冬或冬末初春季节。我们经常可以看到电线、树枝上悬挂着一层晶莹的冰雪，这就是雨凇。有人将雨凇等同于冻雨，其实雨凇和冻雨形成的物理机制和结果确实是相同的，但仍有一定区别。冻雨是一种天

气现象，而雨凇是冻雨的结果，是一种灾害或景观。严重的雨凇厚度可达几厘米，能压断树木、电线和电线杆，造成供电和通信中断，妨碍公路和铁路交通，威胁飞机飞行安全。

寒潮是有害无益的吗?

不是的，寒潮对人类也有有益的影响。

地理学家经过研究分析表明，寒潮有助于地球表面热量交换。在高纬度地区，地球接收的太阳辐射能量较弱，在低纬度地区，地球接收的太阳辐射能量较强，因此地球形成了热带、温带和寒带。寒带的寒潮携带大量冷空气向热带侵袭，使地面热量进行大规模交换，这非常有助于自然界的生态保持平衡，并有利于物种的生息繁衍繁茂。

气象学家表明，寒潮是风调雨顺的保障。我国受季风影响，冬天气候干旱，为枯水期。但每当北方寒潮南侵时，常会带来大范围的雨雪天气，缓解了冬天的旱情，使农作物受益。"瑞雪兆丰年"这句农谚之所以千古流传，就是因为雪水中的氮化物含量高，是普通水的5倍以上，可以大幅度提高土壤中的氮素含量，为农作物提供养料。雪水还能加速土壤有机物质分解，从而增加土中有机肥料。此外，大雪覆盖在越冬农作物上，就像棉被一样起到抗寒保温作用，有利于农作物度过寒冬。

农作物病虫害防治专家认为，寒潮带来的低温，是目前最有效的天然"杀虫剂"，可大量杀死潜伏在土中过冬的害虫和病菌，或抑制其滋生，减轻来年的病虫害。据各地农技站调查数据显示，凡大雪封冬之年，农药可节省60%以上。

寒潮还可带来风资源。科学家认为，风是一种无污染的宝贵动力资源。举世瞩目的日本宫古岛风能发电站，寒潮期的发电效率是平时的1.5倍。

寒潮和寒流是一回事吗？

寒流与寒潮是有很大区别的，二者不能混为一谈。

要清楚什么是寒流，就要先来了解什么是洋流。海洋表层的水，以巨大的规模、相对稳定的速度，缓慢地沿着一定的方向有规律地不断地流动，称为洋流，也叫海流。洋流按其性质可分暖流和寒流两种。凡流动的洋流，海水温度比经过的海区水温高的称为暖流，一般从低纬度流向高纬度的洋流皆属暖流；凡流动的洋流，海水温度比经过的海区海水温度低的称寒流，一般从高纬度流向低纬度的海流皆属寒流。东西方向流动的洋流，一般属暖流性质，唯有南半球的西风漂流，由于受南极大陆及海上浮冰的影响，海水温度较低，属寒流性质。

洋流的主要影响是对大陆沿岸气候有很大影响，寒流会使流经海区和沿海地带的气温降低、降水减少。暖流流经的海区和沿海地带，一般较同纬度其他海区气温高、空气湿润、雨量充沛，有利于农业生产。

由此可见，寒潮是属于空气（冷空气）流动的一种形式，而寒流则是属于洋流（海水）流动的范畴。

小心天上的雹子

什么是冰雹？

人类感冒后，有时候会发生呕吐，地球也不例外。不过我们一定要当心地球呕吐出来的东西——冰雹。

冰雹，俗称雹子，有的地方称作"冷子"，一般出现在春夏之交或者夏季。

冰雹是一种小如豌豆、绿豆，大似板栗、鸽卵的冰粒。它是一种固态降水物，和雨、雪一样都是从云里掉下来的。

冰雹是怎样形成的？

大气时刻都在进行各种不同形式的空气运动，形成了千奇百怪的云层。因对流运动而形成的云层有淡积云、浓积云和积雨云等。冰雹和雷雨同出一家，都是出自积雨云。但是冰雹是在一个特殊的加工厂——对流十分强盛的积雨云中诞生的。

普通的积雨云可能产生雨雪，只有当云层中有强烈的上升气体和充沛的水分时，才可能产生冰雹，这种云层叫做冰雹云。

冰雹云非常厚，可达到十几公里，它里面的气流上升速度很快，每秒可达15～20米。冰雹云里的空气一面上升，一面降低温度，大量水汽凝结成水滴，水滴不断长大、冻结形成透明的冰球，这是一种雹胚。

不过，即使冰雹云中形成了雹胚，也不一定会降下冰雹，这还需要以下特殊条件：一是冰雹云中要有很强的风力；二是冰雹云的垂直厚度不能低于6～8千米；三是冰雹云中必须有倾斜、强烈而不均匀的上升气流。

满足了这些条件，冰雹云才可能大显神通，将冰雹降下来。

冰雹的活动是否有规律？

答案是肯定的。气象专家经过调查分析发现，冰雹的活动具有明显的地区性、时间性和季节性等特征。

地区性主要表现在：冰雹主要发生在中纬度大陆地区，通常是山区多于平原，内陆多于沿海。这种分布特征和大规模冷空气活动及地形有关。我国冰雹严重的地区有甘肃南部、陇东地区、阴山山脉等。

时间性主要表现在：冰雹一般出现在傍晚，因为这段时间的冰雹云中的对流作用最强。冰雹持续的时间都不长，一般仅几分钟，也有持续十几分钟的。

季节性主要表现在：冰雹一般出现在4～10月。在这段时期，暖空气比较活跃，冷空气相对频繁，容易产生冰雹。我国的冰雹多发生在春、夏、秋3季。

冰雹对人类有什么影响？

冰雹的出现，往往给人类带来危害。

虽然冰雹出现时波及的范围比较小，但是它来势猛、强度大，并常常伴有狂风、强降水、急剧降温等阵发性灾害。

无论在农业、建筑、通信等方面，还是在电力、交通、人民生命财产等方面，冰雹带来的损失都是巨大的。据有关资料统计，我国每年因冰雹所造成的经济损失达几亿元甚至几十亿元。

以下新闻可以见证冰雹对人类的危害。

2010年5月，美国俄克拉何马州降下像鸡蛋一样大的冰雹，吓得当地民众到处找安全的地方躲避。虽然这场冰雹只下了半个小时，却深深留在居民心中，因为巨大冰雹瞬间掉落，导致许多房屋、车子严重损毁，当地民众叫苦连天。

同样是2010年5月，我国新疆喀什地区英吉沙县乌恰乡遭遇五十年不遇的特大冰雹袭击，乌恰乡11个村农作物大面积受损，据初步统计，英吉沙县乌恰乡1万多亩小麦，835亩棉花、680亩玉米、143座温室大棚受损及230只鸡鸭死亡，4户房屋墙体倒塌，直接经济损失1100多万元。

如何预测冰雹和预防冰雹呢？

尽管现代气象预测技术比较发达，气象中心可根据天气图、卫星云图和雷达监测对冰雹的发生提前作出预报，但是很多时候气象中心的预报的准确度不够理想。

我国人民从长期的实践中积累了比较丰富的预测冰雹的经验，归纳几条以供参考。

1. 感冷热。如果在冰雹多发时节，出现早晨凉，湿度大，中午太阳辐射强烈的现象，则可能发生冰雹。因此有谚语说："早晨凉飕飕，午后打破头"、"早晨露水重，后晌冰雹猛"。

2. 辨风向。冰雹降临之前常常出现大风且风向变化很快。谚语说："恶云见风长，冰雹随风落"、"风拧云转、雹子片"。另外，如果连续刮南风以后，风向转为西北或北风，风力加大时，也可能降临冰雹。因此有"不刮东风不下雨，不刮南风不降雹"的说法。

3. 观云态。各地有很多谚语是从云的颜色来说明下冰雹前兆的，例如"不怕云里黑乌乌，就怕云里黑夹红，最怕红黄云下长白虫"，"黑云尾、黄云头，冰雹打死羊和牛"，因为冰雹的颜色，先是顶白底黑，然后中部现红，形成白、黑、红乱绞的云丝，云边呈黄色。从云状为冰雹前兆的说法还有"午后黑云滚成团，风雨冰雹齐来"，"天黄闷热乌云翻，天河水吼防冰雹"等，说明当时空气对流极为旺盛，云块发展迅猛，好像浓烟股股地直往上冲，云层上下前后翻滚，这种云极易降冰雹。

4. 听雷声。雷声沉闷，连绵不断，人们称这种雷为"拉磨雷"。因此有"响雷没有事，闷雷下蛋子"的说法。这是因为冰雹云中横闪比竖闪频数高、范围广，闪电的各部分发出的雷声和回声，混杂在一起，听起来有连续不断的感觉。

5. 识闪电。冰雹云中的闪电大多是云块与云块之间的闪电，即"横闪"，说明云中形成冰雹的过程进行得很厉害。因此有"竖闪冒得来，横闪防雹灾"的说法。

6．看物象。各地看物象测冰雹的经验很多，如贵州有"鸿雁飞得低，冰雹来得急"、"柳叶翻，下雹天"，山西有"牛羊中午不卧梁，下午冰雹要提防"、"草心出白珠，下降雹稳"等谚语。

需要注意的是，以上经验一般不要只据某一条就作定断，而需综合分析运用。

如何防治冰雹？

虽然现在的科学技术比较发达，但还不可能达到完全消灭冰雹的程度，只能采取相应措施和科技手段削减冰雹给人类造成的危害。

1．在农业方面，可根据丰富的生产经验，做到合理布局，调整种植时间，找准并选种适合冰雹多发季节种植的作物。

2．运用高科技手段，开展人工防雹、驱雹、消雹。比如，在地面上向雹云放火箭打高炮，或在飞机上对雹云放火箭、投炸弹，以破坏对雹云的水分输送。

3．当地气象部门发现冰雹天气，应立即综合预报冰雹的发生、发展、强度、范围及危害，使预报准确率不断提高。

难以根治的温室效应

什么是温室效应？

地球感冒后会出现发热的症状，这种症状是由温室效应引起的。

温室效应又称"花房效应"，是大气保温效应的俗称。大气能使太阳短波辐射到达地面，但地表向外放出的长波热辐射线却被大气吸收，这样就使

地表与低层大气温度增高，因其作用类似于栽培农作物的温室，所以叫做温室效应。自工业革命以来，人类向大气中排入的二氧化碳等吸热性强的温室气体逐年增加，大气的温室效应也随之增强，已引起全球气候变暖等一系列严重问题，引起了全世界各国的关注。

温室效应会产生哪些影响？

1. 气候转变，全球变暖。温室气体浓度的增加会减少红外线辐射放射到太空外，地球的气候因此需要转变来使吸取和释放辐射的量达至新的平衡。这转变可包括"全球性"的地球表面及大气低层变暖，因为这样可以将过剩的辐射排放出去。虽然如此，地球表面温度的少许上升可能会引发其他的变动，例如：大气层云量及环流的转变。当中某些转变可使地面变暖加剧，某些则可令变暖过程减慢。

温室效应示意图

2. 地球上的病虫害增加。温室效应可使史前致命病毒威胁人类。据科学研究表明，由于全球气温上升令北极冰层融化，被冰封十几万年的史前致命病毒可能会重见天日，导致全球陷入疫症恐慌，人类生命受到严重威胁。

3. 海平面上升。全球变暖有两种过程会导致海平面升高。第一种是海水受热膨胀令水平面上升。第二种是冰川和格陵兰及南极洲上的冰块融化使海洋水量增加。全球暖化使南北极的冰层迅速融化，海平面不断上升。据了解，即使海平面只小幅上升1米，也足以导致5600万发展中国家人民沦为难民。而全球第一个被海水淹没的有人居住岛屿即将产生——位于南太平洋国家巴布亚新几内亚的岛屿卡特瑞岛，该岛的主要道路水深及腰，农地也全变成烂泥巴地。

除上述3种影响外，温室效应还会导致气候反常，海洋风暴增多，也会造成土地干旱现象严重，沙漠化面积增大。

更为严重的是，温室效应可能会导致冰川期来临。由于南极冰盖的融化导致大量淡水注入海洋，海水浓度降低，因此大洋输送带逐渐停止。在这种情况下，暖流不能到达寒冷海域，寒流不能到达温暖海域。于是，另一个冰河时代可能会来临。到时北半球大部被冰封，一阵接着一阵的暴风雪和龙卷风将横扫大陆。

应该采取哪些对策防止温室效应加剧?

迄今为止，已经无法彻底消除温室效应，但可以采取一些有效措施防止温室效应加剧。

1．保护森林的对策方案。由于森林被破坏增加了大气中的二氧化碳含量，造成全球暖化加剧。人类应该赶快停止对森林的破坏，另一方面实施大规模的造林工作，努力促进森林再生。

2．汽车使用燃料状况的改善。日本汽车在此方面已获技术提升，大幅改善昔日那种耗油状况。但在美国等地，至今未见有何明显改善迹象，仍旧维持过度耗油的状况。因此，该地区生产的汽车在改善燃油设计方面，具有充分发挥的余地。如果世界各国都能减少过度耗油，估计到了2050年，可使温室效应降低5%左右。

3．改善其他各种场合的能源使用效率。人类生活，到处都在大量使用能源，其中尤以住宅和办公室的冷暖气设备为最。因此，对于提升能源使用效率方面，具有大幅改善余地，这对于到2050年为止的地球温暖化，预计可以达到8%左右的抑制效果。

4．鼓励使用太阳能。这方面的努力能使石化燃料

用量相对减少，因此对于降低温室效应具有直接效果。积极推动此项方案，对于到2050年为止的温暖化，具有4%左右的抑制效果。

可怕的雷电

什么是雷电？

地球也会眼冒金光的，我们把这种现象称为雷电。

雷电是伴有闪电和雷鸣的一种雄伟壮观而又有点令人生畏的放电现象。雷电一般产生于对流发展旺盛的积雨云中，因此常伴有强烈的阵风和暴雨，有时还伴有冰雹和龙卷风。

雷电危害有哪些？

雷电危害可分成直击雷、感应雷和雷电波侵入三种。随着科学技术的发展，建筑物上的避雷针已能够很好地预防直击雷，直击雷对人类造成的灾害明显减少。然而，随着城市经济的发展，感应雷和雷电波侵入引发的危害却大幅增加。一般情况下，强大的电磁场产生的感应雷和脉冲电压，能够潜入室内危及电视、电话及联网微机等弱电设备，并可引发火灾、漏电等严重灾害。

下面说一下雷电这三种危害的破坏途径：

直击雷破坏

当雷电直接击在建筑物上，建筑物中的水分受到雷电流的影响，就会受热汽化膨胀，从而产生强大

的机械力，导致建筑物燃烧或爆炸。另外，当雷电击中避雷针时，电流沿避雷针的引线向大地泻放，就会提高对地电位，有可能引发临近的物体跳击，称为雷电"反击"，从而造成火灾或人身伤亡。

感应雷破坏

感应雷破坏也称为二次破坏。它分为静电感应雷和电磁感应雷两种。由于雷电流变化梯度很大，会产生强大的交变磁场，使得周围的金属构件产生感应电流，这种电流可能向周围物体放电，如附近有可燃物就会引发火灾和爆炸，

而感应到正在联机的导线上就会对设备产生强烈的破坏。

静电感应雷：带有大量负电荷的雷云接近地面，其产生的电场会在架空线路导线或其他导电凸出物顶部感应出大量正电荷，这些正电荷将沿着线路产生大电流冲击。易燃易爆场所、计算机及其场地的防静电问题，应特别重视。

电磁感应雷：雷电放电时，雷击发生在供电线路附近，或击在避雷针上会产生迅速变化的交变电磁场。这种迅速变化的交变电磁场感应到线路并最终作用到设备上，会产生很高的电动势。可能产生放电火花，引起火灾、爆炸或造成触电事故。一般情况下，避雷针能够很好地防止直击雷的危害，但是避雷针反而增加了建筑物上的落雷机会，电磁感应雷对建筑物内部设备的危害的机会和程度也就增加了。因此，避雷针引线要有良好的导电性，接地体一定要处于低阻抗状态。

雷电波侵入的破坏

当雷电接近架空管线时，高压冲击波会沿架空管线侵入室内，造成高电

流引入，这样可能引起设备损坏或人身伤亡事故。如果附近有可燃物，容易酿成火灾。

怎样预防雷击?

发生雷电时，会有雷击的危险。无论你在干什么，在什么地方，当遇到雷电时都要积极躲避起来，应该做到以下几点：

1. 及时关闭门窗，室内人员应远离门窗、水管、煤气管等金属物体。

2. 关闭家用电器，拔掉电源插头，防止雷电从电源线入侵。

3. 在室外时，要及时躲避，不要在空旷的野外停留。在空旷的野外无处躲避时，应尽量寻找低洼之处（如土坑）藏身，或者立即下蹲，降低身体高度。

4. 远离孤立的大树、高塔、电线杆、广告牌。

5. 立即停止室外游泳、划船、钓鱼等水上活动。

6. 如多人共处室外，相互之间不要挤靠，以防雷击中后电流互相传导。

第五章
快来帮我打扫卫生

每个人，都希望生活在清洁雅致的家居中。试想，如果家中垃圾遍地、苍蝇乱飞、臭气难闻，谁能受得了呢？

人类在努力为自己打造着干净舒适的家园，却忽视了地球这个大家园。人类把大量日常垃圾丢给了地球，让地球大家园脏得如猪窝一般。地球眼看着自己的家园中垃圾堆积如山，水榭被污染，就连头顶上都被人类搁置了许多太空垃圾，她为此感到很痛心，却又无可奈何。

人类对地球如此不负责任，最终导致人类家园也变得肮脏了。看看吧，白色污染满天飞，清澈的海水满是油污，这些场景多么可怕！另外，太空垃圾还时不时对人造卫星、太空飞船构成威胁，让人类跟着提心吊胆。

清理地球垃圾，刻不容缓！人类不能再迟疑了，否则在不久的将来，人类可能被垃圾吞没。

家园变成猪窝了

> 谁都不想置身在一个如猪窝般脏乱的家园中，地球有一个美丽的大家园，她自然也不希望自己的家园变得脏乱。人类每天的垃圾产量是惊人的，但是清理垃圾的效果并不明显。时间一长，大量垃圾只能由地球吸收。就这样，地球的家园越来越脏乱。

日常垃圾何去何从

日常垃圾都去哪里了？

每个人每天或多或少都会制造一些日常垃圾，这些垃圾都去哪里了呢？

我们制造了垃圾，往往扔到垃圾桶里，而垃圾桶里的垃圾又被送到堆放场，然后再被填埋。

垃圾填埋是处理日常垃圾最主要的途径。根据工程设施是否齐全、环保标准能否达标来判断，可分为三个等级。

1. 简易填埋场：这是一种传统沿用的填埋方法。其主要特征是基本上不需要工程设施，或者仅有一部分工程设施，谈不上执行什么环保标准。目前，我国约有50%的城市生活垃圾是采用简易填埋的方法进行处理，这不可避免地对环境造成了一定的污染。

2. 受控填埋场：这种填埋垃圾的方法采用了部分工程设施，但不能满足环保标准或技术规范，往往会出现场地防渗、渗滤液处理、日常覆盖等不达标的问题。这种填埋方法也会对环境造成一定的污染。

3．卫生填埋场：这种填埋垃圾的方法既有比较完善的环保设施，又能满足或大部分满足环保标准，是一种理想的填埋方法。

填埋垃圾是最好的垃圾处理方法吗？

填埋垃圾的方法具有投资少、工艺简单、处理量大等优点，并且较好地实现了地表的无害化。但是，填埋的垃圾往往没有进行无害化处理，残留了大量的细菌、病毒，还潜伏着沼气、重金属污染等隐患，此外，其垃圾渗漏液还会长期污染地下水资源。因此，这种处理垃圾的方法潜在着极大危害，会给子孙后代带来无穷的后患。

目前，一些发达国家明令禁止填埋垃圾，我国也正在努力淘汰这种方法。

相对而言，焚烧垃圾的方法比填埋垃圾更为有效。焚烧垃圾可以对垃圾进行减容、减量，且无害化程度较高。焚烧是目前世界各国广泛采用的垃圾处理方法。在一些工业发达国家，特别是日本和西欧，普遍致力于推进垃圾焚烧技术的应用。国外焚烧技术的广泛应用，除得益于经济发达、投资力强、垃圾热值高外，主要在于焚烧工艺和设备的成熟、先进。目前国外工业发达国家主要致力于让焚烧垃圾技术朝着高效、节能、低造价、低污染的方向发展，自动化程度越来越高。

我们应该如何对待日常垃圾？

随着生活水平日益提高，人们消耗了大量资源，制造出了大量的废弃物。那么，在日常生活中，我们应该如何对待这些废弃物呢？

最好的答案就是进行垃圾分类处理。

　　当我们走在街上，经常看到垃圾桶上分别标注着：可回收垃圾、不可回收垃圾、其他垃圾等字样，这就是一种分类处理垃圾的方法。

　　垃圾分类可以在源头上将垃圾进行分类投放，并通过清运和回收使之重新转变为可利用资源。

　　垃圾分类主要是根据垃圾的成分构成、产生量，结合垃圾的资源利用和处理方式来进行分类。比如，在德国，一般将废弃物分为纸、玻璃、金属、塑料等种类进行回收；在澳大利亚，一般将废弃物分为可堆肥垃圾、可回收垃圾、不可回收垃圾等种类；在日本，一般将废弃物分为可燃垃圾，不可燃垃圾等等。在我国一般将废弃物分为可回收垃圾、厨余垃圾、有害垃圾和其他垃圾四类。可回收垃圾主要包括废纸、塑料、玻璃、金属和布料五大类。厨余垃圾包括剩菜剩饭、骨头、菜根菜叶等食品类废物，经生物技术就地处理堆肥。有害垃圾包括废电池、废日光灯管、废水银温度计、过期药品等，这些垃圾需要特殊安全处理。其他垃圾包括除上述几类垃圾之外的砖瓦陶瓷、渣土、卫生间废纸等难以回收的废弃物，采取卫生填埋可有效减少对地下水、地表水、土壤及空气的污染。

垃圾分类有哪些好处？

　　很多国家依然采用填埋方式对垃圾进行处理，这种垃圾处理法占用大量土地，并且会衍生出虫蝇乱飞、污水四溢、臭气熏天等危害，严重污染了环境。

　　对垃圾进行分类处理后，明显减少了垃圾处理量，节约了处理设备的投入，还使垃圾处理成本降低到最小，节约了土地资源，具有社会、经济、生态三方面的效益。主要优点如下：

1．减少占地。垃圾中有些物质，如塑料制品、玻璃制品等极不易降解，使土地受到严重侵蚀。垃圾分类可以去掉这些不易降解的物质，从而减少垃圾数量。

2．减少环境污染。垃圾中的电池含有金属汞、镉等有毒的物质，会对土壤和人类造成严重的危害。而回收利用废弃电池则可以减少危害。

3．变废为宝。很多国家所使用的塑料快餐盒、饮料瓶等数量庞大，如果把这些废弃塑料回收起来，1吨废塑料可提炼出600公斤柴油。此外，回收1500吨废纸，可免于砍伐用于生产1200吨纸的林木。回收一吨铝制易拉罐提炼出的铝块，可少采20吨铝矿。

生活垃圾中有30%～40%的物品可以回收利用，我们应珍惜这个小本大利的资源。这样既可以减少对环境的污染，又可以节约大量资源。

减少白色污染

什么是白色污染？

白色污染跟塑料制品有直接关系。塑料制品具有质轻、防水、耐用、生产技术成熟、成本低等优点，在全世界被广泛应用且呈逐年增长趋势。

白色污染是指由农用薄膜、包装用塑料膜、塑料袋和一次性塑料餐具等塑料制品的丢弃所造成的环境污染。

白色污染有哪些危害？

白色污染是一种普遍的环境污染现象，在各种公共场所到处可见大量废弃的塑料制品，这些东西由人类制造，最终归结于大自然时却不易被自然所消纳，从而影响了大自然的环境。白色污染主要有以下危害：

1．侵占大量土地。塑料制品类垃圾不易降解，而且在自然界可停留长达

100～200 年时间，这种垃圾埋在土壤中会侵占大量土地。

2．污染空气。大量塑料袋，塑料薄膜等随风四处飘飞，直接污染了空气。

3．污染水体。塑料制品在河、海水面上漂浮，不仅造成水体污染，而且水中生物误食了白色垃圾会伤及健康，甚至危及生命。

4．火灾隐患。塑料垃圾几乎都是可燃物，在天然堆放过程中会产生甲烷等可燃气，遇明火就可能酿成火灾事故，造成重大损失。

5．塑料制品可能成为有害生物的巢穴。老鼠、蚊蝇等有害生物可能会在塑料制品中栖息和繁殖，对人类的财产和生命安全构成威胁。

如何减少环境污染?

减少白色污染可从两方面下手：

在行政方面，一是加强管理，禁止使用一次性难降解的塑料制品。二是强制回收利用，清洁的废旧塑料制品可以重复使用，或重新用于炼油、制漆、做建筑材料等。回收利用不仅可以避免"视觉污染"，而且可以解决"潜在危害"，缓解资源压力，减轻城市生活垃圾处置负荷，节约土地，并可取得一定的经济效益。

在技术方面，一是采取以纸代塑。纸张主要是用天然植物纤维做成的，废弃的纸张容易被土壤中的微生物分解。因此，以纸代塑不失为减少白色污染的好办法。二是采用可降解塑料。在塑料制品的生产过程中加入一定量的添加剂，使塑料包装物的稳定性下降，较容易在自然环境中降解。三是从法律上进行规定。从2008年6月1日开始，我国法律规定到超市购物不再免费提供塑料袋，要自己单独付费，这就大大减少了白色污染。

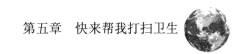

还我清澈的水榭

对地球来说，海洋就是她家园中的水榭，她希望海洋能够永远清澈碧蓝。可是，人类以污染海洋为代价，来满足自身的利益。这种得不偿失的行为，最终造成人类反受其害。看看吧，那些层出不穷的赤潮，那些漂满油污的海面……面对这些，人类何时才能还地球一个清澈的水榭？

赤潮层出不穷

那些红色的潮水是什么？

在海洋中，经常会出现赤红色的潮水，这种潮水被喻为"红色幽灵"，国际上也称为"有害藻"，这就是赤潮。

赤潮是海洋生态系统中的一种异常现象。

赤潮是在特定环境条件下产生的，相关因素很多，但主要因素来自海洋污染。

随着现代化工、农业生产的迅猛发展，人类向海洋中排入了大量工农业废水和生活污水，导致近海、港湾富营养化程度日趋严重。

海洋中有大量的藻类生物，藻类受到海水富营养的影响，就会爆发性大量繁殖，造成海水出现黄、绿、褐色等不同颜色。而全世界4000多种海洋浮游藻中，有260多种能形成赤潮。

赤潮发生后，海水的pH值就会升高，黏稠度也随之增加，导致非赤潮藻类的浮游生物死亡、衰减，而赤潮藻也因爆发性增殖、过度聚集而大量死亡。

赤潮并非都是红色，它实际上是许多赤潮的统称。由于赤潮发生的种类、数量的不同，水体会呈现不同的颜色。厄水（海水变成绿褐色）、苦潮（即赤潮，海水变成赤色）、青潮（海水变成蓝色）等，都是同样性质的赤潮现象。

目前，赤潮已成为一种世界性的公害，美国、日本、加拿大、法国、韩国等30多个国家和地区赤潮发生都很频繁。近十几年来，由于海洋污染日益加剧，我国赤潮灾害也有加重的趋势，对我国一些重要的海上养殖基地造成严重危害。

赤潮的危害有哪些？

赤潮对海洋生态平衡的破坏

海洋是一种生物与环境、生物与生物之间相互依存，相互制约的复杂生态系统。系统中的物质循环、能量流动都是处于相对稳定、动态平衡的。当赤潮发生时，这种平衡遭到干扰和破坏。赤潮发生初期，一些海洋生物不能正常生长、发育、繁殖，导致一些生物逃避甚至死亡，破坏了原有的生态平衡。

赤潮对海洋渔业和水产资源的破坏

赤潮可以破坏渔场的饵料基础，造成渔业减产。赤潮生物的异常繁殖，可引起鱼、虾、贝等生物的呼吸鳃堵塞，造成这些生物窒息而死。赤潮后期，大量藻类生物死亡，在细菌分解作用下，造成海洋区域性严重缺氧或者产生硫化氢等有害物质，导致其他海洋生物大批死亡。

　赤潮对人类健康的危害

　一些赤潮生物可以分泌毒素，鱼、贝类生物摄食了这些有毒生物，虽不能被毒死，但在体内却积累了大量毒素。当人类不慎食用了这些鱼虾、贝类生物后，就可能引起人体中毒，严重时可导致死亡。

海面的石油泄漏

海水为什么变成黑色了？

海水变成黑色主要是由于受到石油泄漏的污染。石油泄漏被称为海洋环境的超级杀手。据统计，每年通过各种途径泄入海洋的石油约占世界石油总产量的0.5%。

大量的海上石油开采，不停地在制造"最大的生态灾难"。

2009年3月，世界自然基金会发表了一份研究报告：1989年3月23日的一次美国原油泄漏事件，导致二十多年后美国阿拉斯加州海岸仍旧覆盖着大量的石油。一些人错误地预测，泄漏在海中的石油在几年后应该会自动消失。但相反的是，石油已慢慢地散布开来，同时造成了严重的影响。

为什么总是发生海上石油泄漏事件？

随着世界石油用量的增加，海上石油开采活动日益频繁，海上石油运输也日趋活跃。造成海上石油泄漏事件频发的原因有多种：

　　一是海上航运因素导致海上石油泄漏。主要是船舶与石油设施相互撞击，包括船与海洋石油设施相撞，或油轮与海洋其他船舶、海洋设施相撞所造成的海上溢油。如1989年3月，美国阿拉斯加州附近海域触礁的油轮"埃克森·瓦尔迪茨"号，造成3.4万吨原油流入威廉王子湾。二是海上石油开采过程中钻塔或者油井因爆炸或其他原因沉入海底，造成大量石油泄漏。如1977年挪威北海油田突发爆炸，导致油井保险设施沉入海底。三是自然因素造成的海上石油溢油事故。如1974年密西西比河口附近的两座石油钻塔颠覆事故造成的石油溢油事故。

海上石油泄漏有哪些危害？

　　石油泄漏对海洋生态的影响非常严重，油类进入海洋后，对自然环境、水产养殖、浅水岸线、码头工业等都会造成不同程度的危害。

　　石油中的苯和甲苯等有毒物质侵入海洋中，从低等的藻类到高等哺乳动物，无一能幸免。石油泄漏对海鸟的危害最大，海鸟接触到海面的油膜后，羽毛浸吸油类，导致羽毛失去防水、保温能力。最终会因饥饿、寒冷、中毒而死亡。

　　海中的浮游生物最容易受到海中溢油的危害，一方面浮游生物对石油中的毒性物质特别敏感，另一方面浮游生物大量吸收海面浮油，影响以浮游生物为食的其他海洋生物的生存。

　　海中的哺乳动物，如鲸鱼、海豚、海豹等对石油非常敏感，它们能及时逃离溢油水域，免受危害。但是一些成年和幼年的海中哺乳动物栖息海滩时，会被油污所困而导致死亡。

石油泄漏对世界渔业的发展也会造成严重危害。海洋近岸浅水水域的养殖场中，很多贝类、幼鱼、珊瑚等水生生物容易受到溢油污染而死亡。此外，养殖网箱受溢油污染后很难清洁，只有更换才能彻底消除污染，费用十分昂贵。

谁来拯救被石油污染的海洋生物？

30多年前，科学家认为海洋是浩瀚无垠的，不会受人类的影响。但是，近年来海洋已变得同陆地环境一样脆弱。随着全球经济的发展，通过海上运输的原油量急剧增加，油轮遭遇海难受损导致原油泄漏的事故频频发生。此外，每年约有6万吨清洁剂、100吨水银、3800吨铅和3600吨磷酸盐等化学物质排入海中。这些污染，

导致鱼类、海洋哺乳动物、珊瑚礁和海水植物的大量死亡，且极易遭受外来生物属种的侵害。

只有人类才能拯救这些海洋生物，人类应该协调发展海洋开发与环境保护，立足于对污染源的治理；对海洋环境深入开展科学研究；健全环境保护法制，加强监测监视和管理；建立海上消除污染的组织；宣传教育；加强国际合作，共同保护海洋环境。

什么东西在我头上乱飞

不可否认，世界上的事，几乎没有人类做不到的。科技的发展，让人类迈开了征服太空的脚步。然而，就在人类向太空迈出第一步时，就为以后的路途埋下了隐患。人类制造的难以计数的太空垃圾，已经发展为潜在的威胁。

是什么东西在地球头上乱飞？

有时候，会有苍蝇蚊子在我们头顶上乱飞，让我们感到很厌烦。地球头顶上，也有一些乱飞的东西，这就是环绕地球的太空"垃圾海"。

自从1973年以来，每年都有数以百计的太空垃圾坠落地球。但是当太空垃圾经过大气层时，与空气产生急剧摩擦，最终燃烧殆尽，尚未到达地球表面就自我毁灭了。

1987年，俄罗斯航空部门地面控制中心发现，太空中"量子"舱不能与"和平"号空间站对接，于是派一个考察组上去检查，结果发现那里有一个金属残片。

1994年，加拿大某气象台宣布，发现了英仙星座附近有星体爆炸，受到了许多国外科学家的质疑。后来经过研究才弄清楚，所谓的"星体爆炸"不过是一颗废弃的人造卫星在太阳光反射下造成的效果。

2005年，在南极上空885公里处，发生了一起"宇宙交通事故"：美国

31年前发射的雷神火箭推进器遗弃物与中国6年前发射的长征四号火箭碎片相撞。

随着越来越多的太空废弃物进入人们的视野，"太空垃圾"一词相应而生。"太空垃圾"按照火箭科学家专业的说法叫做"轨道碎片"，简单来说，就是在人类探索宇宙的过程中，被有意无意地遗弃在宇宙空间的各种残骸和废物。

千万不要小看这些零零碎碎的太空垃圾。据统计，地球外空中竟然有超过11万个直径大于1厘米的空间碎片，而大于1毫米小于1厘米的空间碎片超过30万个。而这些太空垃圾全是人类自己制造的。

万幸的是，迄今尚没有大型的太空垃圾坠向地球，也没有造成过人员伤亡。

太空垃圾引发的隐患

人类太空开发截止到目前已有50年的历史，在这50年中，人类制造了大量垃圾：火箭推进器残骸、人造卫星碎片、脱落的油漆，甚至一只宇航员的手套。美国宇航局的科研人员称，太空垃圾的临界引爆点正在来临。即使不再发射太空飞船，到2055年，由碰撞所产生的新碎片数量将超过落回地球和燃烧掉的碎片总数。

在太空中，太空垃圾的飞行速度可达6～7千米/秒，它们都具有超强的杀伤力，如果一块10克重的太空垃圾撞上人类发射的地球卫星，其破坏力相当于两辆小汽车以100公里的时速撞在地球卫星上，卫星会在瞬间被打穿或击毁。如果太空垃

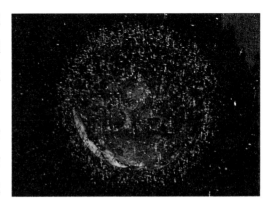

圾撞在载人宇宙飞船上，其后果不堪设想。

由于太空垃圾如同高速公路上那些无人驾驶、随意乱开的汽车一样，不知道它什么时候刹车，什么时候变线，因此人类对太空垃圾的飞行轨道无法控制，只能粗略预测。

让人担忧的是，这些太空垃圾是宇宙交通事故最大的潜在"肇事者"，对于宇航员和飞行器都构成了潜在的巨大威胁。

更让人感到头疼的是，太空垃圾会产生"雪崩效应"。太空垃圾的每一次互相撞击并不能让碎片互相湮灭，而是产生更多碎片，而每一个新的碎片又是一个新的碰撞危险源。

虽然地球周围的宇宙空间比较开阔，且太空垃圾发生互相碰撞的概率很小，但是当有一天，地球周围被这些太空垃圾挤满的时候，人类探索宇宙的道路也就被堵塞了。

太空垃圾不仅给航天事业带来巨大隐患，而且还污染了宇宙空间，给人类带来灾难，尤其是核动力发动机脱落，会造成放射性污染。

目前，美国和苏联在空间的核反应堆中有1吨的核分离物。苏联共发射31颗核动力侦察卫星，其中已有两颗给地面带来污染：1978年，"宇宙954"号大量放射性残骸落入加拿大的斯克拉芬海；1983年，"宇宙1402"号的反应堆芯落入南大西洋。

如何对付太空垃圾？

人类向宇宙空间发射的各种航天器，因工作寿命终止或由于爆炸产生的碎片，以及航天员扔出飞船舱外的垃圾等，产生了大量太空垃圾。这些太空垃圾大约以每年10%的速度增加，而且体积越来越大。

现在，航天专家们已经开始研究限制空间垃圾的产生，以及消除空间垃圾的办法，其中有很多奇妙的创意。

1．激光发射器：从地面或者太空发射激光，将太空垃圾推至离地球更近的轨道，使其在地球引力作用下加速下落。但是这个创意的缺点在于：成本过高，激光发射装置非常昂贵，而且可以击中的目标有限。

2．太空垃圾收集车：太空垃圾回收车能够在太空轨道指定地点上将大块太空残骸收集和封装起来，然后运送到离地球比较近的轨道上。这种垃圾收集车还可以收集整块的老火箭残体。但是方案的问题在于成本太高，而且操作也比较复杂。

3．金属细丝：这种方案就是在飞船发射之前，在飞船上面附着一个金属细丝，进入轨道后用它来击落那些碎片。

4．定位跟踪：太空垃圾定位及监视系统能探测到低轨道上10厘米大小和地球同步轨道上1米大小的碎片。对这些碎片定位跟踪后，再采用其他办法将之彻底清除。

5．自杀卫星：体积只有足球那么大，一旦侦察到太空垃圾，便依附在垃圾上，使其速度降低，最后进入大气层，与太空垃圾同归于尽。

6．空间工友：由12只空间"垃圾箱"组成，在地球同步轨道上运行。当太空垃圾飞过时，它的由电脑控制的机械臂会抓住目标，放进"垃圾箱"后将其分割切碎，使其坠入地球大气层燃烧自毁。

清除太空垃圾的秘诀

清除太空垃圾，归结起来是"避、禁、减、清"。

1．避：就是对太空垃圾进行严密监视与跟踪，并采取有效的技术手段，使航天器及时避开太空垃圾。

2．禁：就是国际上制定有关法规，禁止在空间进行实验和部署各种武器，限制发射核动力卫星，使空间成为为人类文明服务的和平空间。

3．减：就是发射航天器的国家应采取措施，尽量减少太空垃圾的增加。

4．清：就是发展太空垃圾清除技术，有些专家提出设想，运用激光的力量，使大块垃圾首先改变运行轨道，然后将其气化。

现在，人类已经采取有效措施，让火箭末级返回大气层烧毁，并且对已达到预定寿命的卫星，让其获得逃逸速度，远离近地空间或转用清除装置进行清除。

随着人类对太空环保的重视，太空垃圾必将得到治理，那时人类将重新获得一个美丽而清洁的宇宙太空，宇宙遨游将美丽而浪漫。

第六章
脾气暴躁的太阳公公

地球是太阳系中的一员，太阳的年龄要比地球大很多，地球称太阳为公公也是理所当然。

如果太阳毁灭了，地球也不可能存在。对地球来说，太阳算得上是她的再生父母。可是，这位太阳公公表面看来慈眉善目，实际上脾气相当暴躁，动不动就会发怒。

科技的进步，让人类了解到，太阳会出现黑子、光斑、耀斑等现象。这些现象都是太阳发怒的表现。

如果强烈的太阳黑子袭击地球，无异于让地球遭受了一次危害极大的"黑沙掌"，包括人类在内的地球生物都可能跟着遭殃。

如果强烈的太阳耀斑袭击地球，情况就更加惨重了，人类使用的现代通信设备都可能出现信号中断的现象。

如果强烈的太阳风暴袭击地球，就会让地球发"高烧"——扰乱地球磁场，破坏地球电离层的结构，甚至引发地震、火山爆发等灾难。

面对这些情况，人类必须了解太阳的性格，加大力度观察各种太阳活动，提前作好防护和预警，将太阳对地球的危害降到最低。

 地球不高兴

躲不开的太阳黑沙掌

> 所谓太阳黑沙掌，指的是太阳黑子。它是太阳光球层上一种普遍的太阳活动，对地球的磁场、气候会产生影响。不过，人类已经掌握了太阳黑子周期，完全可以最大程度减小黑子对地球的影响。

奇妙的太阳黑子

地球与太阳有哪些关系？

万物生长靠太阳，没有太阳，地球上就不可能出现姿态万千的生命，也不会孕育出作为万物之灵的人类。太阳给人们以光明和温暖，它带来了日夜和季节的轮回，左右着地球冷暖的变化，为地球生命提供了各种形式的能源。

但是，太阳看似温和平静，实际上无时无刻不在发生着剧烈变化，太阳表面和大气层中的活动现象，诸如太阳黑子、耀斑和日珥等，都会对地球造成影响。

太阳上的"乌鸦"是什么？

4000年前，我国古代的祖先发现太阳表面出现一个类似乌鸦的黑色物体。当时，科学技术尚不发达，祖先无法解释这个黑色物体是什么。

几千年后的现代世界，科学家解开了谜底。原来，在太阳的光球层上，

有一些旋涡状的气流，如同一个浅盘，中间下凹，看起来是黑色的，这些旋涡状气流就是太阳黑子。

其实太阳黑子并不是黑颜色的，之所以看起来呈现黑色，是因为它比太阳光球的温度低一到两千摄氏度，在耀眼的太阳光球衬托下，从地球上观测，太阳黑子看起来就是黑色的了。

太阳黑子是太阳光球层一种普遍的太阳活动，它很少单独活动，经常成群出现。当大黑子群具有旋涡结构时，就预示着太阳上将有剧烈的变化。

太阳黑子的活动周期为11.2年。在黑子开始形成的最初4年中，随着黑子数量不断增多，黑子活动不断加剧，当黑子数量和活跃度达到极大的那一年，称为太阳活动峰年。在随后的7年时间里，太阳黑子数量会逐渐减少，活动也逐渐减弱，黑子数量和活跃度达到极小

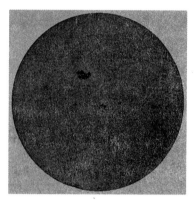

的那一年，称为太阳活动谷年。国际上规定，从1755年起算的黑子周期为第一周，然后顺序排列，截止到1999年为第23周。

太阳黑子是如何形成的？

关于太阳黑子的成因，天文学家尚未找到确切的答案。

有些科学家推测，很可能是太阳的强烈磁场改变了某片区域的物质结构，从而使太阳内部的光和热不能完全散发到表面，形成了一个"低温区"，因而出现黑子。也有科学家说，黑子可能是太阳的核废料，就相当于人类制造的核反应堆的核废料。至于黑子为什么约11年出现一次，可能与黑子会在太阳内部和表面上下翻动一次有关，就像是人们煮元宵时，元宵会在

锅里上下翻动一样。

黑子到底是怎样形成的，还有待科学更加进步，再进行考证。

与黑子相对应的是什么？

在太阳光球层上的表面有的明亮有的深暗。这种明暗斑点是由于这里的温度高低不同而形成的，比较深暗的斑点是"太阳黑子"，比较明亮的斑点叫做"光斑"。

太阳光斑常在太阳表面的边缘"表演"，却很少在太阳表面的中心区露面。因为太阳表面中心区的辐射属于光球层的较深气层，而边缘的光主要来源光球层较高部位，所以，光斑比太阳表面高些，可以算得上是光球层上的"高原"。

光斑是太阳上一种强烈风暴，天文学家把它戏称为"高原风暴"。不过，与乌云翻滚、大雨滂沱、狂风卷地百草折的地面风暴相比，"高原风暴"的性格要温和得多。

太阳光斑的亮度只比宁静光球层略强一些，一般只大10%；温度比宁静光球层高300℃。许多光斑与太阳黑子还结下不解之缘，常常环绕在太阳黑子周围"表演"。少部分光斑与太阳黑子无关，活跃在70度高纬区域，面积比较小，光斑平均寿命约为15天，较大的光斑寿命可达三个月。

太阳光斑不仅出现在光球层上，色球层上也有它活动的场所。当它在色球层上"表演"时，活动的位置与在光球层上露面时大致吻合。不过，出现在色球层上的不叫"光斑"，而叫"谱斑"。实际上，光斑与谱斑是同一个整体，只是因为它们的"住所"高度不同而已，这就好比是一幢楼房，光斑住在楼下，谱斑住在楼上。

黑子对地球和人类的影响

太阳黑子对地球有哪些影响？

太阳是地球上光和热的源泉，太阳自身发生的各种变化，会对地球产生很大的影响。既然黑子是太阳光球层一种激烈的活动现象，那么它对地球的影响就更明显了。

当太阳上出现大群黑子时，地球上很多事物都会受到影响，比如：指南针会左右抖动，不能正确地指示方向；平常非常善于辨别方向的信鸽会迷路；无线电通信会受到严重阻碍，甚至可能突然中断一段时间。这些反常现象还会间接对飞机、轮船和人造卫星的安全航行造成很大的威胁。

太阳黑子还会引起地球上气候的变化。据科学家研究表明，当太阳黑子群较多的时候，地球上的气候就变得干燥，农作物生长旺盛，硕果累累。当太阳黑子群较少的时候，地球上的气候就变得潮湿，时常出现暴雨成灾的现象。

我国著名科学家竺可桢研究发现，中国古代书上对黑子记载较多的时候，在中国范围内往往出现特别寒冷的冬季。

据气象专家研究表明，地球上一些地区的降雨量每隔11年就重复一遍，这很可能与黑子常数也是11年有关。

植物学家发现，树木的生长情况也随太阳黑子活动的11年周期而变化。太阳黑子较多的年份，树木生长得快；太阳黑子较少的年份，树木就生长得慢。

2009年，我国渤海地区的海面出现罕见的结冰现象，美国华盛顿地区出现百年罕见的暴风雪，亚洲、欧洲和北美洲乃至北半球很多地区，经常遭遇寒潮或暴风雪等极端天气。

对此，天文学家分析认为，太阳黑子稀少走向极端，地球异常气候也跟

着走向极端。

值得欣喜的是，从2009年9月起，太阳黑子的低迷状态正在逐步改善，太阳活动逐步迈上了正轨。

太阳黑子对人类健康有哪些影响？

据记载，在1173—1976年的803年间，流行感冒发生了56次，且都出现在太阳黑子活动极大的年份。太阳黑子活动高峰时，心肌梗死的病人数量也激剧增加。

为什么太阳黑子活动高峰时，患病人数会增加呢？原来黑子活动高峰时，太阳会发射出大量的高能粒子流与X射线，并引起地球磁暴现象。它们破坏地球上空的大气层，使气候出现异常，致使地球上的微生物大量繁殖，为疾病流行创造了条件。另一个方面，太阳黑子频繁活动会引起生物体内物质发生强烈电离。例如紫外线剧增，会引起感冒病毒细胞中遗传因子变异，并发生突变性的遗传，产生一种感染力很强而人体对它却没有免疫力的亚型流感病毒。这种病毒一但通过空气或水等媒介传播开去，就会酿成来势凶猛的流行性感冒。

科学家们还发现，在太阳黑子活动极大的年份里，致病细菌的毒性会加剧，它们进入人体后能直接影响人体的生理、生化过程，也影响病程。所以，当黑子数量达高峰期时，要及早预防疾病的大流行。

小心，太阳公公变脸了

太阳变脸，说的是太阳风暴，这是一种能量十分巨大的光电，能够对地球磁场产生严重影响。当今时代，有的人将太阳耀斑与地球危机联系到了一起。其实，这是杞人忧天，现代科技如此发达，相信人类一定有办法制伏或者预防太阳耀斑。

危险的耀斑

什么是太阳耀斑？

1859年9月1日，两位英国的天文学家用高倍望远镜观察太阳，在太阳黑子群附近，发现一大片明亮耀眼的光芒。这片光芒从黑子群中，亮度逐渐减弱，最后消失不见。这种现象就是太阳耀斑。

太阳耀斑是一种最剧烈的太阳活动。一般发生在太阳色球层中，也称"色球爆发"。太阳耀斑一般出现在太阳黑子群上空，通常会生成迅速发展的亮斑闪耀，但是其寿命只有几分钟到几十分钟之间。太阳耀斑的亮度上升迅速，下降较慢。特别是在太阳活动峰年，耀斑出现频繁且强度变强。

不可小视的耀斑能量

别看太阳耀斑只是太阳黑子群中的一个耀眼的光电，它的能量却是非常巨大的。

太阳耀斑出现时会释放大量的能量，一个特大的耀斑释放的总能量相当于百万吨级氢弹爆炸的总能量的100亿倍。

耀斑按面积分为4级，由1级至4级逐渐增强，小于1级的称亚耀斑。耀斑的显著特征是辐射的品种繁多，不仅有可见光，还有射电波、紫外线、红外线、X射线和伽玛射线。

太阳耀斑对人类的危害

第二次世界大战时期，有一天德国前线战事危急，德军司令部报务员布鲁克正在繁忙地操纵无线电台，传达命令。

突然，耳机里的声音没有了。布鲁克检查机器，电台完好无损。他又拨动旋钮，改变频率，仍然无济于事。

结果，德军前线与司令部失去联系，陷入一片混乱，战役以失败而告终。由于布鲁克指挥不当被德国军事法庭判处死刑。临刑前，布鲁克仰天大喊"冤枉"，他根本就不清楚他操纵的那台无线电台为什么突然信号中断。

后来人们查清，这次无线电信号中断，"罪魁祸首"竟是太阳耀斑。布鲁克的死，确实很冤枉，这在于当时的人们对太阳耀斑还不了解。

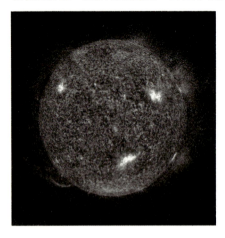

太阳耀斑何以有如此大的神通呢？原来，太阳耀斑爆发时，发出大量的高能粒子，当这些高能粒子到达地球附近时，与大气分子发生剧烈碰撞，破坏电离层，使它失去反射无线电电波的功能。无线电通信尤其是短波通信，以及电视台、电台广播，会受到干扰甚至中断。太阳耀斑发射的高能带电粒子流与地球高层大气作用，产生极光，并干扰地球磁场而引起磁暴。

2003年10月底，一场史无前例的特大太阳耀斑爆发了。太阳耀斑发出的大量带电粒子倾泻而出，导致地球外太空的很多卫星不得不暂时关闭，少数卫星遭到永久性的损伤。此外，一些位于国际空间站的宇航员也面临生命危险，不得不躲到防护能力较强的服务舱中。

在地球上，由于此次太阳耀斑的影响，很多飞机不得不延时起飞，因为飞机一旦到达高空航线，飞机上的人就可能遭受太阳粒子严重辐射，危及健康和生命。

太阳耀斑如此猖獗，地球上的人类岂不是有性命之虞？不用担心，地球的磁场和大气层是很好的防护罩，可以保护人类免遭蹂躏。

太阳耀斑与地球危机

太阳耀斑会造成世界末日吗？

据美国科学家研究表明，2011年是太阳黑子最多而且太阳活动最强的时期，也是极可能出现超大耀斑的时期。在第24个太阳活动周（2011—2022年），太阳耀斑释放的能量可能比之前2003年的太阳耀斑还要巨大。

科学家称，太阳一直处于高放射性的环境当中。根据最新的观测资料显示，太阳表面出现了一个中等大小的磁结现象，这可能预示着新一轮太阳活动周期的到来。但是由于太阳黑子活动存在不可预见性，对于2011—2012年的

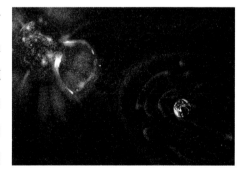

太阳极大期，科学家认为太阳耀斑还不具有毁灭地球的能力。经过一些数据模拟，科学家表示，2012年的太阳耀斑也只会是对地球通信系统造成一些破坏，对于地球本身来说，危害不会很大。

不必为太阳耀斑过多忧虑

太阳耀斑是一种最剧烈的太阳活动。太阳表面突然出现亮斑闪耀，其寿命仅在几分钟到几十分钟之间，亮度上升迅速，减弱较慢。一旦出现太阳耀斑，对于太阳表面来说就是一次惊天动地的大爆发。除了太阳局部突然增亮的现象外，耀斑更主要表现在从射电波段到X射线的辐射通量突然增强。

当耀斑辐射来到地球附近时，与大气分子发生剧烈碰撞，破坏电离层，使它失去反射无线电电波的功能，无线电通信尤其是短波通信，以及电视台、电台广播，会受到干扰甚至中断。此外，耀斑对气象和水文等方面也有着不同程度的直接或间接影响。但是，太阳耀斑不会产生颠倒地球磁场和天空着火这样夸张的影响和场面。

因此，我们不必为太阳耀斑的到来而过多忧虑。

一定要了解太阳的性格

太阳也是有性格的，称之为太阳常数。人类了解了太阳常数，就能尽量避免太阳活动对人类的危害。太阳风暴是太阳活动中的一种，它对地球及人类的危害非常大。这就要求，人类必须竭尽所能寻找防范太阳风暴的办法。

仁慈的太阳常数

什么是太阳常数？

太阳常数与太阳辐射强度有关。太阳辐射强度就是太阳在垂直照射情况下，在单位时间（一分钟、一天、一个月或者一年）内，一平方厘米的面积上所得到的辐射能量。

如果在特定的情况下测量太阳辐射强度，就叫做太阳常数。也就是说，必须是在日地平均距离的条件下，在地球大气上界，垂直于太阳光线的1平方厘米的面积上，在1分钟内所接受的太阳辐射能量，就称为太阳常数。它是用来表达太阳辐射能量的一个物理量。太阳常数是一个相对稳定的常数，依据太阳黑子的活动变化，它所影响到的是气候的长期变化，而不是短期的天气变化。

太阳常数是怎么来的？

由于地球以椭圆形轨道绕太阳运行，因此太阳与地球之间的距离不是一

个常数，而且一年里每天的日地距离也不一样。大家都知道，某一点的辐射强度与距辐射源的距离的平方成反比，这意味着地球大气上方的太阳辐射强度会随日地间距离不同而异。

然而，由于日地间距离太大，所以地球大气层外的太阳辐射强度几乎是一个常数。因此人们就采用所谓 "太阳常数"来描述地球大气层上方的太阳辐射强度。

近年来，通过各种先进手段测得的太阳常数的标准值为1353w／㎡。一年中由于日地距离的变化所引起太阳辐射强度的变化不超过3.4%。

可怕的太阳风暴

太阳也会打喷嚏吗？

当然，身为万物之灵的人类偶然间会打个喷嚏，为地球上的生物提供能量的太阳一样会打喷嚏。

1962年，美国"水手2号"探测器发现太阳会在黑子活动的高峰时产生太阳风暴，并向广袤的空间释放出大量高速粒子流。科学家把这种现象比喻为太阳打"喷嚏"。

太阳风暴指的是太阳在黑子活动高峰阶段产生的剧烈爆发活动。由于太阳风暴中带有大量带电等离子体，并以每小时150万到300万千米的速度向太空漫溢，当这些带电等离子体闯到地球的空间时，将会影响通信，威胁卫星，破坏臭氧层，对人体的健康也会造成一定影响。

太阳风是什么？

太阳风是太阳风暴的产物。

在太阳创造的诸如光和热等形式的能量中，有一种能量被称为"太阳风"。太阳风是太阳喷射出的带电粒子，是一束可以覆盖地球的强大的带电亚原子颗粒流。

太阳风通常环绕着地球流动。地球的磁场很像一个漏斗，尖端恰巧对着地球的南北两个磁极。当太阳风沿着地磁场的"漏斗"沉降，进入地球的两极地区时，会使两极的高层大气发出光芒，形成极光。在南极地区形成的极光叫南极光，在北极地区形成的极光叫北极光。

为什么太阳打"喷嚏"，地球就会发烧？

太阳打"喷嚏"形成的太阳风暴，就相当于在散播一种感冒病毒，地球受到太阳风暴的影响，就会被传染，因而发起了"高烧"。

从科学角度讲，太阳风暴会干扰地球的磁场，使地球磁场的强度发生明显的变动。它还会影响地球的高层大气，破坏地球电离层的结构，使其丧失反射无线电波的能力，造成无线电通信中断。更严重的时候，太阳风暴会影响地球大气臭氧层的化学变化，并逐层往下传递，直到地球表面，使地球的气候发生反常的变化，甚至还会进一步影响到地壳，引起火山爆发和地震。

第七章
哎呀，肠胃痉挛啦

肠道出血和胃穿孔是两种常见的疾病，随着医学的不断发展，人类已经掌握了根治这两种疾病的方法。可是，地球也会常常患上这两种疾病，这是人类难以根治的。

地球肠道出血指的是泥石流和山体滑坡。每当地球犯了这种病，往往会给人类带来莫大的灾难。

地球胃穿孔指的是地面塌陷、地面沉降和地裂缝。地球的这种病一旦发作，给人类带来的损失也是难以估计的。

不过，地球这两种病的发作固然受到自然因素的影响，与人类的各种不合理活动也不无关联。

治病讲究的是根治，人类若想治好地球的这两种病，必须减小对自然的破坏。自然与人类是息息相关的，人类破坏自然，就会遭到自然的报复。自然因素是导致地球发病的根本。只要人类与自然和睦相处，地球的病患就会不治自愈。

要命的肠道出血

肠道出血是一种可怕的疾病，地球若是肠道出血了就更可怕，这将给人类带来泥石流和山体滑坡灾害。不过真正可怕的并不在于灾害本身，而在于造成灾害的因素——不合理的人类活动。

疯狂的泥石流

什么是泥石流？

在山区沟谷中，大量的泥砂、石块受到暴雨、雪融水等水源的冲击，从山体上一冲而下，形成一种具有破坏力的特殊洪流，这就是泥石流。

泥石流往往会突然暴发，夹杂着石块、泥沙的水流沿着陡峻的山体前推后拥，奔腾咆哮而下，让大地为之震动，让山谷发出雷鸣般的巨大声响。

泥石流来势凶猛，速度极快，由于它蕴藏着很多石块，所

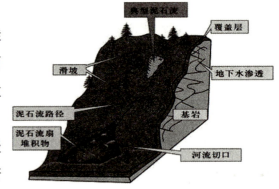

以具有强大的破坏力。泥石流一旦暴发，往往在宽阔的堆积区横冲直撞、漫流堆积，给人类生命财产造成重大危害。

在什么样的条件下会暴发泥石流？

泥石流不是无故发生的，要具备以下条件才可能形成。

1．地形地貌条件：泥石流往往发生在山高沟深、地形陡峻、沟床纵度大、便于水流汇集的地形中。在地貌上，泥石流一般可分为形成区、流通区和堆积区三部分。

形成区是泥石流的上游，地形多为三面环山、一面是出口的瓢状或漏斗状。形成区的地形比较开阔，周围通常山高坡陡、支离破碎，且植被生长不良。这种地形有利于洪流和碎屑物质的集中。流通区是泥石流的中游，地形多为狭窄陡深的峡谷，有利于泥石流迅猛直泻。堆积区是泥石流的下游，地形多为开阔平坦的山前平原或河谷阶地，有利于泥石流堆积起来。

2．松散物质来源条件：经常发生泥石流的地区，其地质构造比较复杂，多为断裂褶皱地貌，或地震烈度较高。泥石流的形成需要丰富的固体物质来源，一般在岩石破碎、崩塌、错落的地表最容易发生泥石流。那些岩层结构松散、软弱、节理发育或软硬相间成层的地区，因易受破坏，也能为泥石流提供丰富的碎屑物来源。另外，一些人类工程活动，如滥伐森林造成水土流失，开山采矿、采石弃渣等，也为泥石流提供大量的物质来源。

3．水源条件：水既是泥石流的重要组成部分，又是泥石流的激发条件和动力来源。泥石流的水源有暴雨、雪融水和水库溃决水体等形式。

泥石流具有怎样的时间规律？

泥石流的时间规律具有季节性和周期性。

1．季节性：泥石流的暴发主要是受连续降雨、暴雨，尤其是特大暴雨集中降雨的激发。因此，泥石流发生的时间规律是与集中降雨时间规律相一致，具有明显的季节性。一般发生在多雨的夏秋季节。

2．周期性：泥石流的发生受暴雨、洪水、地震的影响，而暴雨、洪水、地震总是周期性地出现。因此，泥石流的发生和发展也具有一定的周期性，且其活动周期与暴雨、洪水、地震的活动周期大体相一致。当暴雨、洪水两者的活动周期相叠加时，常常形成泥石流活动的一个高潮。

泥石流有哪些危害?

泥石流的特征为：暴发突然、来势凶猛、奔流迅速，并兼有崩塌、滑坡和洪水破坏的双重作用，其危害程度相当大。泥石流对人类的危害具体表现在以下方面。

1．对居民点的危害。泥石流最常见的危害是冲进乡村、城镇，摧毁房屋、工厂、企事业单位及其他场所设施，随之而来的是淹没人畜、毁坏土地，甚至造成村毁人亡的灾难。如1969年8月我国云南省大盈江流城弄璋区南拱泥石流，使新章金、老章金两村被毁，经济损失近百万元。

2．对公路、铁路的危害。泥石流可直接埋没车站、铁路、公路，摧毁路基、桥涵等设施，致使交通中断，还可引起正在运行的火车、汽车颠覆，造成重大的人身伤亡事故。有时泥石流汇入河道，引起河道大幅度变迁，间接毁坏公路、铁路及其他构筑物，甚至迫使道路改线，造成巨大的经济损失。

3．对水利、水电工程的危害。泥石流可冲毁水电站、引水渠道和过沟建筑物，淤埋水电站水渠，并淤积水库、磨蚀坝面等。

4．对矿山的危害。泥石流可摧毁矿山及其设施，淤埋矿山坑道，伤害矿山人员，造成停工停产，甚至使矿山报废。

有哪些人为因素可诱发泥石流？

当人类活动违反自然规律时，就可能引起大自然的报复，有些泥石流的发生，就是由于人类不合理的活动而造成的。近年来，由于人为因素诱发的泥石流数量正在不断增加。具体表现在以下几个方面：

1．不合理开挖。有些泥石流就是由于人类在修建公路、水渠、铁路以及其他建筑活动时，破坏了山坡表面而形成的。如我国云南省东川至昆明公路的老干沟，因修公路及水渠，使山体破坏，加之1966年犀牛山地震又形成崩塌、滑坡，致使泥石流更加严重。

2．不合理的弃土、弃渣、采石。这种行为形成的泥石流的事例很多。如我国四川省冕宁县泸沽铁矿汉罗沟，因不合理堆放弃土、矿渣，1972年一场大雨引发了矿山泥石流。

3．滥伐乱垦。人类滥伐乱垦会使植被消失，山坡失去保护，土体疏松，大大加重水土流失，进而山坡的稳定性被破坏，崩塌、滑坡等不良地质现象发育，结果就很容易产生泥石流。如我国甘肃省白龙江中游，一千多年前那里竹树茂密、山清水秀，后因伐木烧炭，烧山开荒，森林被破环，才造成泥石流泛滥。

怎样减轻或防止泥石流发生？

泥石流虽然是一种自然灾难，但是很多时候也是由人为诱发的。我们可以采取以下措施减轻或防止泥石流发生。

1．跨越工程：指修建桥梁、涵洞，从泥石流沟的上方跨越通过，让泥石流在其下方排泄，用以避防泥石流。这是铁道和公路交通部门为了保障交

通安全常用的措施。

2．穿过工程：指修隧道、明硐或渡槽，从泥石流的下方通过，而让泥石流从其上方排泄。这也是铁路和公路通过泥石流地区的又一主要工程形式。

3．防护工程：指对泥石流地区的桥梁、隧道、路基及泥石流集中的山区变迁型河流的沿河线路或其他主要工程措施，构筑一定的防护建筑物，用以抵御或消除泥石流对主体建筑物的冲刷、冲击、侧蚀和淤埋等的危害。防护工程主要有：护坡、挡墙、顺坝和丁坝等。

4．排导工程：其作用是改善泥石流流势，增大桥梁等建筑物的排泄能力，使泥石流按设计意图顺利排泄。排导工程包括导流堤、急流槽、束流堤等。

5．拦挡工程：用以控制泥石流的固体物质和暴雨、洪水径流，削弱泥石流的流量、下泄量和能量，以减少泥石流对下游建筑工程的冲刷、撞击和淤埋等危害的工程措施。拦挡措施有：拦渣坝、储淤场、支挡工程、截洪工程等。

防治泥石流，采用多种措施相结合，比用单一措施更为有效。

遇到泥石流如何脱险？

泥石流是一种突发的自然灾害，我们应该谨慎提防。

1．沿山谷徒步时，一旦遭遇大雨，要迅速转移到附近安全的高地，离山谷越远越好，不要在谷底过多停留。

2．注意观察周围环境，特别留意是否听到远处山谷传来打雷般声响，如听到要高度警惕，这很可能是泥石流将至的征兆。

3．要选择平整的高地作为营地，尽可能避开有滚石和大量堆积物的山坡下面，不要在山谷和河沟底部扎营。

4．发现泥石流后，要马上与泥石流成垂直方向向两边的山坡上面爬，爬得越高越好，跑得越快越好，绝对不能往泥石流的下游走。

恐怖的山体滑坡

什么是山体滑坡？

山体滑坡是指山体斜坡上某一部分岩土在重力（包括岩土本身重力及地下水的动、静压力）作用下，沿着一定的软弱结构面（带）产生剪切位移而整体地向斜坡下方移动的作用和现象，俗称"走山"、"垮山"、"地滑"、"土溜"等，是常见地质灾害之一。

产生山体滑坡的因素有哪些？

地理原因

岩土类型：岩土体是产生滑坡的物质基础。一般说，各类岩、土都有可能构成滑坡体，其中结构松散、抗剪强度和抗风化能力较低、在水的作用下其性质能发生变化的岩、土，如松散覆盖层、黄土、红黏土、页岩、泥岩、煤系地层、凝灰岩、片岩、板岩、千枚岩等及软硬相间的岩层所构成的斜坡易发生滑坡。

地质构造条件：组成斜坡的岩、土体只有被各种构造面切割分离成不连续状态时，才有可能向下滑动。同时，构造面又为降雨等水流进入斜坡提供了通道。故各种节理、裂隙、层面、断层发育的斜坡，特别是当平行和垂直斜坡的陡倾角构造面及顺坡缓倾的构造面发育时，最易发生滑坡。

地形地貌条件：只有处于一定的地貌部位，具备一定坡度的斜坡，才可能发生滑坡。一般江、河、湖（水库）、海、沟的斜坡，前缘开阔的山坡，铁路、公路和工程建筑物的边坡等都是易发生滑坡的地貌部位。坡度大于10度小于45度、下陡中缓上陡、上部呈环状的坡形是产生滑坡的有利地形。

水文地质条件：地下水活动，在滑坡形成中起着主要作用。它的作用主要表现在：软化岩、土，降低岩、土体的强度，产生动水压力和孔隙水压力，侵蚀岩、土，增大岩、土山体滑坡容重，对透水岩层产生浮托力等，尤其是对滑面(带)的软化作用和降低强度的作用最突出。

内外应力原因和人为原因

就内外应力和人为作用的影响而言，在现今地壳运动的地区和人类工程活动的频繁地区是滑坡多发区。外界因素和作用，可以使产生滑坡的基本条件发生变化，从而诱发滑坡。主要的诱发因素有：地震、降雨和融雪、地表水的冲刷和浸泡、河流等地表水体对斜坡坡脚的不断冲刷；不合理的人类工程活动，如开挖坡脚、坡体上部堆载、爆破、水库蓄（泄）水、矿山开采等都可诱发滑坡，还有如海啸、风暴潮、冻融等作用也可诱发滑坡。

哪些因素会影响山体滑坡的强度？

滑坡的活动强度，主要与滑坡的规模、滑移速度、滑移距离及其蓄积的位能和产生的动能有关。一般讲，滑坡体的位置越高、体积越大、移动速度越快、移动距离越远，则滑坡的活动强度也就越高，危害程度也就越大。具体讲来，影响滑坡活动强度的因素有：

1. 地形。坡度、高差越大，滑坡位能越大，所形成滑坡的滑速越高。斜坡前方地形的开阔程度，对滑移距离的大小有很大影响。地形越开阔，则滑移距离越大。

2．岩性。组成滑坡体的岩、土的力学强度越高、越完整，则滑坡往往就越少。构成滑坡滑面的岩、土性质直接影响着滑速的高低，一般讲，滑坡面的力学强度越低，滑坡体的滑速也就越高。

3．地质构造。切割、分离坡体的地质构造越发育，形成滑坡的规模往往也就越大越多。

4．诱发因素。诱发滑坡活动的外界因素越强，滑坡的活动强度则越大，如强烈地震、特大暴雨所诱发的滑坡多为大的高速滑坡。

有哪些人为因素会诱发山体滑坡？

违反自然规律、破坏斜坡稳定条件的人类活动都会诱发滑坡。

1．开挖坡脚。修建铁路公路、依山建房建厂等工程，常常因使坡体下部失去支撑而发生下滑。例如我国西南、西北的一些铁路、公路，因修建时大力爆破、强行开挖，事后陆陆续续地在边坡上发生了滑坡，给道路施工、运营带来危害。

2．蓄水、排水。水渠和水池的漫溢和渗漏、工业生产用水和废水的排放、农业灌溉等，均易使水流渗入坡体，加大孔隙水压力，软化岩、土体，增大坡体容重，从而促使或诱发滑坡的发生。水库的水位上下急剧变动，加大了坡体的动水压力，也可使斜坡和岸坡诱发滑坡发生。

此外，劈山开矿的爆破作用，可使斜坡的岩、土体受振动而破碎产生滑坡；在山坡上乱砍滥伐，使坡体失去保护，便有利于雨水等水体的入渗从而诱发滑坡；尤其是厂矿废渣的不合理堆弃，常常触发滑坡的发生。 如果上述的人类作用与不利的自然作用互相结合，就更容易促进滑坡的发生了。

山体滑坡发生前有什么预兆?

不同类型、不同性质、不同特点的滑坡,在滑动之前,均会表现出不同的异常现象,显示出滑坡的预兆。归纳起来常见的,有如下几种:

1.在滑坡前缘坡脚处,有堵塞多年的泉水复活现象,或者出现泉水突然干枯,井水位突变等类似的异常现象。

2.在滑坡体中,前部出现横向及纵向放射状裂缝,它反映了滑坡体向前推挤并受到阻碍,已进入临滑状态。

3.滑坡体前缘坡脚处,土体出现上隆现象,这是滑坡明显的向前推挤现象。有岩石开裂或被剪切挤压的音响,这种现象反映了深部变形与破裂。动物对此十分敏感,有异常反映。

4.滑坡体四周岩体会出现小型崩塌和松弛现象。如果在滑坡体有长期位移观测资料,那么大滑动之前,无论是水平位移量或垂直位移量,均会出现加速变化的趋势,这是临滑的明

显迹象。滑坡后缘的裂缝急剧扩展,并从裂缝中冒出热气或冷风。临滑之前,在滑坡体范围内的动物惊恐异常,植物变态。如猪、狗、牛惊恐不宁,不入睡,老鼠乱窜不进洞,树木枯萎或歪斜等。

遇到山体滑坡时应该怎样应对?

1.冷静。当处在滑坡体上时，首先应保持冷静，不能慌乱；慌乱不仅浪费时间，而且极可能做出错误的决定。

2.要迅速环顾四周，向较为安全的地段撤离。一般除高速滑坡外，只要行动迅速，都有可能逃离危险区段。跑离时，以向两侧跑为最佳方向。在向下滑动的山坡中，向上或向下跑均是很危险的。当遇到无法跑离的高速滑坡时，更不能慌乱，在一定条件下，如滑坡呈整体滑动时，原地不动，或抱住大树等物，不失为一种有效的自救措施。

3.对于尚未滑动的滑坡危险区，一旦发现可疑的滑坡活动时，应立即报告邻近的村、乡、县等有关政府或单位。并立即组织有关政府、单位、部队、专家及当地群众参加抢险救灾活动。

4.滑坡时，极易造成人员受伤，当受伤时应呼叫急救中心。凡遇到重大灾害事件、意外伤害事故、严重创伤、急性中毒、突发急症时，在对伤员或病人实施必须的现场救护的同时，应立即派人寻求急救中心的援助。

胃穿孔的痛苦

> 　　地面塌陷、地面沉降、地裂缝都是地球胃穿孔的表现。对人类而言，则是恐怖的灾难。人类不能眼睁睁看着地球痛苦下去，更不能让地球的病患毁了人类。救治地球就是救治人类，积极行动起来吧，用智慧和力量去挽救地球。

地面塌陷

为什么地面会出现塌陷？

　　地面塌陷是一种地质现象，往往在地面形成塌陷坑或者塌陷洞。当这种现象发生在人类活动的区域时，就可能酿成地质灾害。

　　地面塌陷形成的原因比较复杂，根据不同的分类依据可分为不同的类型。

　　地面塌陷主要分为自然塌陷和人为塌陷两类。

　　自然塌陷是由于地表岩层、土体受到自然因素作用，如地震、降雨、泥石流等，造成陷落的现象。

　　人为塌陷则是由于人为作用导致的地面塌落。如矿山地下水采空、过量抽采地下水、人工加载、人工振动等。

　　根据塌陷区是否有岩溶发育，地面塌陷又可分为岩溶地面塌陷和非岩溶地面塌陷。

　　岩溶塌陷是由于可溶岩（碳酸岩、石膏、岩盐等）中存在的岩溶洞地面塌陷隙而产生的。其分布地带主要包括：岩溶地下水位埋藏较浅的低洼地带；岩溶强烈发育的纯可溶岩分布地带；岩层剧烈转折、破碎的地带；以砂土为主，其底部黏性土层缺失的"天窗"地段；沿岩溶中的断裂带或主要裂隙交汇破碎带；岩溶地下水的主径流带或岩溶管道上；岩溶地下水的排泄区；等等。

非岩溶性塌陷是由于非岩溶洞穴产生的塌陷，如采空塌陷，黄土地区黄土陷穴引起的塌陷，玄武岩地区其通道顶板产生的塌陷等。后两者分布较局限。

在多种地面塌陷中，岩溶塌陷分布最广、数量最多、发生频率最高、诱发因素最多，且具有较强的隐蔽性和突发性特点，严重威胁到人们的生命财产安全，应该多加注意。

地面塌陷有什么前兆？

塌陷前兆现象是塌陷的序幕，离塌陷时间较近且短促。及时发现这些现象，对减轻灾害损失有重要意义。这些现象一般比较直观，只要仔细、认真，就容易发现。塌陷前兆现象的监测内容包括：

1. 井、泉的异常变化。如井、泉的突然干涸或浑浊翻沙，水位骤然降落等。

2. 地面形变。地面产生地鼓，小型垮塌，地面出现环形开裂，地面出现沉降。

3. 建筑物作响、倾斜、开裂。

4. 地面积水引起地面冒气泡、水泡、旋流等。

怎么预防地面塌陷？

虽然地面塌陷具有随机、突发的特点，有些防不胜防，但它的发生是有其内在和外部原因的。我们完全可以针对塌陷的原因，事前采取一些必要的措施，以避免或减少灾害的损失。这些预防措施主要应该包括以下几方面：

1．长期、连续地监测地面、建筑物的变形和水点中水量、水态的变化，地下洞穴分布及其发展状况等，对于掌握地面塌陷的形成发展规律，提早预防、治理是非常必要的。

2．在岩溶区进行工程建设，应该坚决避让已有岩溶塌陷迹象的地段。

3．工程设计和施工中，避免地表水大量入渗，对已有塌陷坑进行填堵处理，防止地表水向其汇聚注入等。

地面塌陷主要有哪些危害？

地面塌陷危害主要表现在突然毁坏城镇设施、工程建筑、农田，干扰破坏交通线路，造成人员伤亡。

我国地面塌陷分布广泛，据统计，全国岩溶塌陷总数达2841处，塌陷坑33192个，塌陷面积约332平方千米，造成年经济损失达1.2亿元以上。

地面沉降

什么是地面沉降？

地面沉降又称为地面下沉。它是在人类工程活动影响下，由于地下松散地层固结压缩，导致地壳表面标高降低的一种局部的下降运动（或工程地质现象）。

为什么会出现地面沉降？

造成地面沉降的自然因素是地壳的构造运动和地表土壤的自然压实。

人为造成的地面沉降原因可分为：抽汲地下水引起的地面沉降；采掘固体矿产引起的地面沉降；开采石油、天然气引起的地面沉降；抽汲卤水引起的地面沉降。

地面沉降有哪些危害？

地面沉降的危害主要有：

1．毁坏建筑物和生产设施。

2．不利于建设事业和资源开发。发生地面沉降的地区属于地层不稳定的地带，在进行城市建设和资源开发时，需要更多的建设投资，而且生产能力也受到限制。

3．造成海水倒灌。地面沉降区多出现在沿海地带。地面沉降到接近海面时，会发生海水倒灌，使土壤和地下水盐碱化。对地面沉降的预防主要是针对地面沉降的不同原因而采取相应的工程措施。

美国是受地面沉降危害比较严重的国家，目前美国已经有遍及45个州超过44030平方公里的土地受到了地面沉降的影响，由此造成的经济损失更是惊人。仅在美国圣克拉拉山谷，由地面沉降所造成的直接经济损失，在1998年高达3亿美元。

地裂缝

地裂缝是怎样发生的？

地裂缝是地表岩、土体在自然或人为因素作用下，产生开裂，并在地面

形成一定长度和宽度的裂缝的一种地质现象，当这种现象发生在有人类活动的地区时，便可成为一种地质灾害。

地裂缝的形成原因复杂多样，地壳活动、水的作用和部分人类活动是导致地面开裂的主要原因。按地裂缝的成因，常将其分为如下几类：

1．地震裂缝：各种地震引起地面的强烈震动，均可产生这类裂缝。

2．基底断裂活动裂缝：由于基底断裂的长期蠕动，使岩体或土层逐渐开裂，并显露于地表而成。

3．隐伏裂隙开启裂缝：发育隐伏裂隙的土体，在地表水或地下水的冲刷、侵蚀作用下，裂隙中的物质被水带走，裂隙向上开启、贯通而成。

4．松散土体侵蚀裂缝：由于地表水或地下水的冲刷、侵蚀、软化和液化作用等，使松散土体中部分颗粒随水流失，土体开裂而成。

5．黄土湿陷裂缝：因黄土地层受地表水或地下水的浸湿，产生沉陷而成。

6．胀缩裂缝：由于气候的干、湿变化，使膨胀土或淤泥质软土产生胀缩变形发展而成。

7．地面沉陷裂缝：因各类地面塌陷或过量开采地下水、矿山地下采空引起地面沉降过程中的岩土体开裂而成。

8．滑坡裂缝：由于斜坡滑动造成地表开裂而成。

地裂缝有哪些危害和特点？

直接性

横跨地裂缝的建筑物，无论新旧、材料强度大小，以及基础和上部结构类型如何，都无一幸免地遭到破坏。地下管道只要是直埋式经过地裂缝带，在地裂缝活动初期，不管是什么材料、断面尺寸大小，很快均遭到拉断或剪断。

三维破坏性

地裂缝对建筑物的破坏具有三维破坏特征，以垂直差异沉降和水平拉张破坏为主，兼有走向上的扭动。它是建筑物不可抗拒破坏的重要因素。因此，仅采用一般结构加固措施，都无法抗拒地裂缝的破坏作用。

渐变性

地裂缝成灾过程的渐变性包括以下三个方面：其一，单条地裂缝带上，地裂缝由隐伏期到初始破裂期，遵循萌生期—生长期—扩展期的发育过程，不断向两端扩展，因此建筑物的破坏也不是整条裂缝带上同时破坏，最先发育地裂缝的地段开始破坏，逐渐向两端发展，隐伏段经过一个时期也最终开始破坏。其二，对于一座建筑物的破坏也是逐渐加重的，最初的破坏表现为主地裂缝的沉降和张裂，且仅限于建筑物的基础和下部，之后向上部发展，最终形成贯穿于整个建筑物的裂缝或斜列式的破坏带。其三，各条地裂缝并非同时发展，而是有先有后。

群发性和区域性

受区域地质构造条件，以及降雨、地震、地形、地壳应力活动等条件制约，地裂缝灾害具有群发性和区域性。

随机性和周期性

地质灾害活动是在多种条件作用下形成的，它既受地球动力活动控制，又受地壳物质性质、结构和地壳表面形态等因素影响；既受自然条件控制，又受人类活动影响。因此，地质灾害活动的时间、地点、强度等往往具有不确定性，也就是说地质灾害活动是复杂的随机事件。此外，受地质作用周期性规律的影响，地质灾害又常表现出周期性特征。

第八章
不要伤害我的宠物和花草

很多人都喜欢养宠物、种花草，当宠物和花草因故死亡时，就会很伤心。地球也有宠物——海洋和陆地动物，同样也种花草——森林和草原。

近年来，地球发现了一件悲痛的事情，她的宠物和花草正在飞速消亡或者濒临灭绝。

由于人类对马达加斯加岛的环境造成了破坏，为数不多的狐猴种群生存前景异常严峻。由于人类毫无节制地对河马乱捕滥杀，导致刚果河马的数量锐减了95%，目前仅存887只。由于人类对鲨鱼过度捕捞，导致海洋中20%的鲨鱼种类濒临灭绝。由于人类造成全球变暖，导致北极熊的生存出现危机。由于人类滥垦乱伐，导致森林和草原面积极度锐减。

由此可见，人类才是世界上最凶猛的"生物"，是地球难以驯化的一个种群。

难道人类还要继续对动植物狠下毒手吗？要知道，当一个物种局部灭绝后，就可能连锁性、累加性、潜在性地导致其他物种随之灭绝。这种现象就像"多米诺骨牌"一样。当物种灭绝的多米诺骨牌纷纷倒下的时候，作为其中一张的人类，能够幸免于难吗？

无辜惨死的阿猫阿狗

地球上的物种灭绝，除了气候因素外，最大的破坏者就是人类。不可否认，人类已经发展为世间万物的主宰。但这不意味着人类可以肆意地直接或间接屠杀动物。自人类出现后，被人类消灭的动物不计其数。有因必有果，人类遭受的是动物的报复。

哀悼已经灭绝的物种

地球上出现过几次物种灭绝？

科学家和考古学家经过研究化石记录判断，在地球历史上，物种灭绝至少经历了5次。这5次物种灭绝均是自然而为。

距今约4.4亿年前的奥陶纪末期，地球上大片的冰川使洋流和大气环流变冷，导致整个地球的温度大幅下降，破坏了物种赖以生存的生物圈，从而造成地球上的物种发生了第1次大灭绝，约有85％的物种从地球上消失。

距今约3.65亿年前的泥盆纪后期，由于地球气候变冷和海洋退却，造成地球上的物种发生了第2次大灭绝，海洋生物遭到重创。

距今约2.5亿年前的二叠纪末期，地球上出现海平面下降和大陆漂移现象，衍生出气候突变、沙漠范围扩大、火山爆发等一系列灾难，造成物种发生第3次大灭绝。这是地球史上最大最严重的大灭绝事件，约有96％的物种灭绝，其中90％的海洋生物和70％的陆地脊椎动物灭绝。

距今约1.85亿年前的三叠纪晚期，地球上的物种发生第4次物种灭绝，80%的爬行动物从地球上消失。至于此次地球物种灭绝事件的原因仍待考证。

距今约6500万年前的白垩纪，由于小行星撞击地球导致全球生态系统崩溃，造成地球物种发生第5次大灭绝，包括恐龙在内的90%的物种从地球上消失。

地球上会发生第6次物种灭绝吗?

可以肯定地说，地球上第6次物种灭绝事件正在发生，而且日趋严重，造成这次物种灭绝的罪魁祸首是人类。

从进化论的角度讲，物种灭绝是一种自然规律，比如我国的大熊猫种群就处于一种衰退的状态。

科学上说，物竞天则，适者生存，地球上的物种优胜劣汰遵循的是自然法则。但是自从地球上出现人类以后，野生物种就又多了一类天敌。

自从18世纪以来，地球人口不断增加，人类所需要的物质资源越来越多，人类的活动范围也越来越大。在这种情势下，人类为了满足自身的利益需求，对自然的干扰和破坏逐年上涨。如此一来，大批的森林被砍伐、大片的草原被滥垦、大量的河流被填埋，取而代之的是公路、农田、水库……天然的环境被人类破坏了，其他物种的栖息、繁衍同样被人类活动的痕迹割裂得支离破碎。

人类每修一条道路，对于动物来讲都是一道难以逾越的屏障，即使是分

布在道路两侧的蝴蝶种群都会产生了隔离，不可能再像以前那样进行正常的基因交流。那些大型动物，比如藏羚羊、狮子、老虎等，它们受到人造公路、桥梁、运河等设施的阻隔，更难进行正常的基因交流，因而逐渐走向衰退。

此外，很多动物根本没有和人类对抗的能力，也没有细菌、微生物那种高速繁殖适应能力。它们有的只是漂亮的毛皮、鲜美的骨肉，它们在人类强大的征服自然的欲望下，脆弱得不堪一击。它们时刻受到人类的蚕食，时刻面临着灭绝的危险。

人类的生老病死，让同类伤心惋惜。但是那些受到人类私欲的威胁、濒临灭绝的动物们，我们又能够为它们做些什么，又该去做些什么呢？

这是一个需要人类迫切解决的问题。

地球只是属于人类的吗？

化石记录表明，每次物种大灭绝以后，总会有高级类群的物种将灭绝物种取而代之。恐龙灭绝以后，哺乳动物迅速统治地球就是最好的证明。任何物种总是处于不断地进化状态，但是物种的进化需要经过漫长的历史年代。

在人类对自然的强制管理下，物种赖以生存的环境越来越差，大批物种丧失了自然进化的条件，逐渐走向衰退和死亡。

自然界的万千物种历经千万年的进化，各得其所、各司其职，在生物圈的能量流动、物质循环、信息传递过程中都发挥着不同作用，扮演着自己的角色。

任何一个物种的灭绝，意味着一座复杂的、独特的基因库随之消失。而一个物种的灭绝，同时还影响着与之相关的多个物种的消长。

科学家研究表明，每有1种植物灭绝，就会有10～30种依附于它的其他植物、昆虫及高等动物逐步走向灭绝。比如，17世纪毛里求斯渡渡鸟灭绝后，在以后的几年内，一种大栌榄树步其后尘。这是因为，大栌榄的种籽必须经过毛里求斯渡渡鸟的消化道才能发芽、萌生。

物种的生存，环环相扣，紧密相连，无论是捕食与被捕食者，生产者与消费者，都是相互制约、相辅相成，从而达到生态平衡。当一个物种的局部灭绝后，就可能连锁性、累加性、潜在性地导致其他物种随之灭绝。这种现象就像"多米诺骨牌"一样。当物种灭绝的多米诺骨牌纷纷倒下的时候，作为其中一张的人类，能够幸免于难吗？

不妨看一组来自国家环保总局的最新数据：中国被子植物现有珍稀濒危1000种，极危28种，已灭绝或可能灭绝7种；裸子植物濒危和受威胁63种，极危14种，灭绝1种；脊椎动物受威胁433种，灭绝和可能灭绝10种……生物多样性受到有史以来最为严重的威胁。

物种在不断地自然死亡，却很难有新的物种产生。地球生物圈是由动物、植物、微生物等所有物种以及自然环境共同组成的，人类也是其中一员。

虽然人类时刻怀揣着改造地球的梦想，但是人类造就的是一个生物种类日渐贫乏的地球。不断翻升的物种灭绝数字为人类敲响了警钟——地球不属于人类，而人类属于地球。

因此，人类应该立即反思，用自身行动去保护那些尚未灭绝的可贵物种。

谁是地球上最凶猛的动物？

自从地球上有生命以来，地球史上出现过很多凶猛的动物，比如蓝鲸、鳄鱼、老虎等等。但是这些动物与地球上最高级的动物人类比起来，却判若云泥。

有科学家估计，在过去的2亿年中，平均大约每100年有90种脊椎动物灭绝，平均每27年有一个高等植物灭绝。

近几个世纪以来，地球上灭绝的野生动植物的种类数以千计。16世纪前

后，约有150种鸟类灭绝，约有95种兽类灭绝，约有80种两栖爬行动物灭绝。

在20世纪以来的100年中，地球上共灭绝哺乳动物23种，大约每4 年灭绝一种，这个速度比化石记录的物种灭绝速度高出13~135倍。

人类只注意到具体生物源的实用价值，对其肆意地加以开发，而忽视了生物多样性间接和潜在的价值，无情地蚕食着地球上的其他生命体，使地球生命维持系统遭到了人类无情地蚕食。

保护尚未灭绝的物种

马达加斯加狐猴的厄运

作家大卫·奎门写过一篇描述狐猴叫声的文章，文中写道："阳光穿过弥漫在森林中轻纱一般的薄雾，太阳映衬着一片娇艳的蓝天，一群群狐猴快乐地在林间嬉闹着。在非洲马达加斯加生活的狐猴中，尤以大狐猴体形最大、嗓音最好。流畅的音符、和谐的旋律，就像声音留下的优美划痕。"

然而，人类可能再也听不到狐猴的叫声了。

马达加斯加岛是狐猴的故乡，大约2000年前人类尚未踏足这个岛屿，那时有数目庞大的狐猴在这里生息繁衍。但是自从人类来到这个岛屿居住后，一切都改变了。由于人类疯狂的猎杀，狐猴逐渐走向灭绝。

目前，马达加斯加的狐猴总数约10000只。由于人类对马达加斯加岛的环境造成了破坏，为数不多的狐猴种群生存前景异常严峻。

马达加斯加岛上的居民生活比较困难，他们肆意盲目地靠买卖树木支持生活。但是如果有朝一日这里的树木被砍伐一空，不难想象狐猴也将永远消失。

河马数量下滑速度惊人

河马主要分布在乌干达、苏丹、刚果、埃塞俄比亚、冈比亚等地。刚果曾是世界上最大的河马种群的栖息地，但是由于人类毫无节制地对河马乱捕滥杀，导致刚果河马的数量锐减了95%，目前仅存887只。

任何物种的衰退，都可能导致与其相关的生物链出现危机。调查显示，刚果河马数量的下降，直接导致了当地湖泊中的鱼类减少，因为河马粪是该湖内鱼类的重要养料来源。

鲨鱼不再是"海上霸主"

根据世界自然保护联盟的评估，在海洋动物中共有547种鲨鱼。近年来人类对鲨鱼捕捞过度，导致20%的鲨鱼种类濒临灭绝。

鲨鱼被誉为"海上霸主"，鲨鱼的鳍在东南亚地区备受欢迎，因此鲨鱼未能逃脱被人类捕杀的命运。如果这种肆意杀戮得不到有效制止，我们最终只能通过鲨鱼纪录片来回味"海上霸主"的威猛了。更为严重的是，一旦鲨鱼灭绝，海洋生物链就遭到了破坏，到时将有成百上千种海洋生物面临灭顶之灾。

莫要偏向虎山行

跟"海上霸主"鲨鱼相比，"陆上霸主"老虎的命运也好不到哪里。20世纪初，全世界老虎的数量在10万头左右，到20世纪末全世界的老虎只剩下5000头左右。

老虎从头到尾都是宝，虎皮、虎骨以及其他器官均可入药。基于这些因素，人类对老虎的种群造成了毁灭性的破坏。

老虎栖息于森林中，须借助于草丛和灌木丛才能悄悄地潜近猎物，才能伏击猎物。人类对森林的大规模砍伐，不仅破坏了老虎的栖息环境，也破坏了老虎的主要食物——食草动物的栖息环境。此外，环境的割裂使老虎种群处于零星分散状态，进而导致老虎近亲交配，基因恶化，使老虎种群衰退。

被淹死的北极熊

北极熊是冰雪世界的"王者"，身为游泳高手的它们怎么会被淹死呢？科学家的最新调查发现，由于全球变暖、北极冰层融化速度加快，北极熊的"传统领地"受到严重影响，它们不得不到更远处寻找食物，漫长的海上跋涉导致北极熊因精疲力竭而被淹死！

在过去50年里，北极冰层消失了40％。没有足够的冰，北极熊被困在了陆地上。这对它们意味着饥荒。北极熊是世界上第一大陆地食肉动物，主要以海豹为食。虽然北极熊能在水里游数公里，但在游泳途中北极熊不会"打猎"，因为在水里，它们绝不是海豹的对手。

世界自然保护联盟指出，如果任由现在的状况发展下去，预计北极熊的数量将在几十年内减少30％。

我们应该如何保护动物？

早在19世纪，意大利修道士弗朗西斯建议人们热爱动物并和动物们建立

"兄弟姐妹"般的关系，他希望人们在每年的10月4日"向献爱心给人类的动物们致谢"。

弗朗西斯为人类与动物建立正常文明的关系做出了榜样，后人为了纪念他，就把10月4日定为"世界动物日"。

在动物灭绝速度日益上升的今天，我们应该积极响应弗朗西斯的建议，积极投入到保护动物的行列中。

2005年，13个保护生物多样性的国际组织联合发起的"零灭绝联盟"，倡导人类确认并且保护物种生存的地点，进而挽救濒危物种。

未来将有哪些因素造成生物灭绝？

从长远角度来讲，气候变化会导致生物灭绝。近年来，很多人把多种生物灭绝的主要原因归结于"全球变暖"。这固然有一定的科学依据，但是人类必须清醒地意识到：在未来的50年内，人类的数目将持续增长，人类的食物总量也会随之大幅增加。仅凭这一点，人类为了满足自身的食物需求，就要毁掉大批的野生动物栖息地，导致大量生物灭绝。

科学表明，地球每1500年就出现一次气候循环，很多生物都在过去百万年中的变暖循环中一直存活着。至今为止，尚未发现某个野生物种因气候变暖而灭绝。生物灭绝主要原因应是人类过度砍伐森林，破坏生态，而并非由于气候变暖。

动物将如何报复人类？

自古以来，一些凶猛动物伤害人类的事件层出不穷。究其原因，动物之所以伤害人类，主要是出于自卫和猎食。

自从人类统治了地球后，动物伤害人类的事件日趋减少。前面已经说

过，人类才是地球上最凶猛的动物。试问，其他动物怎么可能是人类的对手呢？

狗急了会跳墙，兔子急了会咬人。人类大肆猎杀动物，大肆侵占动物的地盘，大肆破坏动物的生存环境，最终会引起动物对人类疯狂的报复。

早在几年前，人类毫无节制地捕杀果子狸，最终导致果子狸向人类传播"非典"病毒，造成了"非典"肆虐全球，人人自危的局面。随后的几年，禽流感汹涌而至，猪链球菌仍在肆虐，皮肤炭疽疫情又现 。

"非典"过后，人们再也不敢吃果子狸这种野味了。禽流感发生后，人们对鸡、鸭、鹅等家禽产生了畏惧心理。猪链球菌爆发后，人们对看似蠢笨的猪也避而远之。皮肤炭疽病的突发，人们不敢再招惹忠厚老实的牛！

当动物引发的多种病毒暴发后，人们凭借着先进的科学技术研制出了对抗病毒的疫苗。但是，研制疫苗显然是"事后诸葛亮"作风，只能处于被动。

人类必须反思：动物为什么会频频报复人类？

现代社会科技发达了，人类为了满足自身的食物需求，将残忍的屠刀指向了动物。每时每刻，不知有多少禽类被割断脖子，不知有多少兽类被斩断头颅。

虽然人类以动物为食是出于生存的需要，但是人类对动物的态度已完全改变。古时候，人们宰杀动物还要进行祈祷。这祷告意味着，虽然不得不杀动物，但仍感到心中不安。现在，人类对宰杀动物已习以为常，不存在丝毫怜悯。

诚然，人类食用动物，是正常的生态学行为，但并不意味着可以任意对待动物。人类必须意识到动物也是生命，一切生命都是神圣的，包括那些从人的立场来看显得低级的生命也是如此。

世间万物都是有规则的，现代人类对动物的冷漠与残忍，导致了人与动物关系的空前紧张并引发人与动物之战。在这场战争中，人类的被动已经暴露无遗。因此，人类必须学会尊重动物，怜惜动物，否则在不远的未来，人类的处境将岌岌可危！

快来帮我种植草木

为了满足自身的资源需求，人类滥垦乱伐，不知道破坏了多少森林和草原。人类的盲目行为，造成了自然生态失衡，最终得到的是自然的报复。人类啊，已经到了反省的时候了。赶紧付诸行动，保护森林和草原吧，现在还为时不晚。

保护森林

为什么要保护森林？

森林对于人类的生存和发展起着至关重要的作用，主要体现在以下方面。

1. 森林可以调节气候，保持生态平衡。树木通过光合作用，吸收二氧化碳，释放出氧气，让空气变得清洁、新鲜。一亩树林每天能吸收67公斤二氧化碳，释放出49公斤氧气，可供65个成年人呼吸用。

2. 森林具有防风固沙、涵养水土的作用，还能够吸收各种粉尘。一亩森林一年可吸收各种粉尘20～60吨。

3．森林具有隔音的作用，可以减少噪音污染。噪音的污染对人类的生活、学习、工作、休息等方面都造成了很大的危害，可以说是人们的"敌人"。而40米宽的林带就可减弱噪音10～15分贝，因此我们要重视植树造林、保护林地。

4．森林可以减低地球温度，并提高湿度。森林具有调节气候的作用，可以将30摄氏度气温可以降到二十几摄氏度。

5．森林的分泌物能杀死细菌。空地上每立方米空气中有3～4万个细菌，而森林里只有300～400个。

森林有这么多的好处，我们当然要好好保护它了。

地球上的森林面临哪些危机?

就全球范围看，目前各类林地覆盖面积大约为48.9亿公顷，约占陆地面积的1/3，而林地损失每年达1800～2000万公顷。从总体上讲，全球森林覆盖率正在下降，1966～1986年，非洲森林覆盖率由26%降至23%，中美洲和北美洲由33%降至32%，南美洲由57%降至52%，亚洲由21%降至20%，而欧洲则由31%升至33%，苏联由38%上升到42%。

森林破坏属非洲最为严重，每年砍伐的森林达270万公顷，而砍伐后造林却很少。其中，20世纪初期埃塞俄比亚森林覆盖率高达50%以上，是一个木材输出国，到1960年森林覆盖率却降至16%，1981年又减至3.1%。

从全世界普遍关心的热带雨林来看，1980～1990年，每年以平均1540万公顷的速度缩小。1990年末，热带

森林的面积估计为17.56亿公顷，其中南美和加勒比海地区占52%，非洲占30%，亚洲和太平洋地区占18%。热带森林的一半集中于巴西、扎伊尔、印度尼西亚和秘鲁四国。巴西拥有世界著名的亚马孙原始森林，那里蕴藏着世界木材总量的45%，是世界上最大的热带林区，被称为地球"供氧的超级肺"，覆盖着巴西337万平方公里的土地。自从16世纪开始开发森林以来，巴西东北部大西洋北里奥格朗德州，原始森林的痕迹已荡然无存，在中西部和亚马孙地区，仅1969～1975年就毁掉了1100多万公顷森林。近年来，亚马孙地区滥伐森林的速度仍在加快，大量砍伐森林，使巴西森林面积已从占全国总面积的80%减少到40%，同400年前相比，整整少了一半。

破坏森林会引发哪些危害？

前面已经说到，森林对人类的生存和发展起着巨大作用。而破坏森林，就会削弱甚至销毁森林的作用，其后果自然很严重。主要表现在以下方面。

水土流失

森林被砍伐后，裸露的土地经不起风吹雨打日晒。晴天，由于太阳曝晒，地温升高，有机物分解为可溶性矿质元素的进程加快；雨天，雨水直接冲刷，把肥沃的表土连同矿质元素带进江河。据估计，我国每年约有50多亿吨土壤被冲进江河。

流沙淤积，堵塞水库河道

我国黄河水中的含沙量居全球之冠，洪水到来时，水、沙各占一半。由于流沙淤积，黄河下游有些地方的河床比堤外土地高出12米，甚至比开封市的城墙还高，严重威胁人民的生命和财产安全。

环境恶化，灾情频繁

20世纪从60到70年代，我国海南省万宁县的森林遭到严重破坏，从而导

致平均每10年就有6年闹旱灾。

2010年1月12日，海地发生里氏7.0级地震，造成地震的原因之一竟然是海地人大规模砍伐城市周围的森林。

破坏生态平衡

森林遭到破坏后，生活在森林中的动物无家可归，有的甚至会灭亡。

森林与人类息息相关，是人类的亲密伙伴，是全球生态系统的重要组成部分。破坏森林就是破坏人类赖以生存的自然环境，破坏全球的生态平衡，使我们从吃的食物到呼吸的空气都受到影响。难怪一位著名的生物学家说："人类给地球造成的任何一种深重灾难，莫过于如今对森林的滥伐破坏！"滥砍乱伐森林是人类的愚蠢行为，我们不能再做这种贻害子孙后代的事了。我们不仅要保护好现有的森林资源，把利用自然资源和保护环境结合起来，同时还要大规模植树造林，绿化大地，改变自然面貌，改善生态环境。

爱护草原

草原有哪些作用？

草原长期以来因其广阔的分布和宝贵的生态、经济、社会价值而备受人们的广泛关注。它主要有以下作用：

草原是陆地上重要的生态系统

世界草原面积约31.58亿公顷，占世界陆地总面积的21.19%，与森林和农田一起，构成陆地上三个最重要的生态系统。我国是草原大国，拥有各类天然草原近4亿公顷，仅次于澳大利亚居世界第二位，占世界草原总面积的13%，国土面积的41.7%，几乎占据国土面积的半壁江山，约为森林面积的2.5倍、耕地面积的3.2倍，是我国国土的主体和面积最大的绿色屏障。

草原区是世界水资源的重要来源

非洲的尼罗河、南美的亚马孙河、北美的科罗拉多河等，草原占其流域土地面积的一半以上。我国的黄河、长江、澜沧江、怒江、雅鲁藏布江、辽河、黑龙江等主要水系均发源于我国草原区，黄河水量的80%、长江水量的30%、东北河流的50%以上水量直接来源于草原区。以青藏高原为代表的草原

地带具有强大的水源涵养能力，被誉为"中华水塔"，其兴衰直接关系到我国的水系变化，也对缅甸、泰国、印度、孟加拉国等国家的水系产生重大影响。

草原是重要的生物基因库

草原不仅提供人类食用的大部分畜产品，还为各种动植物的农业改良提供基因支撑。所有的主要谷类粮食——玉米、小麦、稻米、大麦、黑麦和高粱都原产自草原，野生草种也可以为改良粮食作物提供基因物质；几乎所有的家养草食畜禽——马、牛、绵羊、山羊、鹿、兔等都产自于草原。

草原在全球碳循环中发挥着重要作用

据研究，全球草原存碳量约为4120亿～8200亿吨，占33%～34%，与森林的4870亿～9560亿吨相当。我国草原碳储量约为440亿吨，且潜力巨大。

草原在改善生态方面有哪些功能？

草原作为陆地上重要的绿色生态系统，具有多种生态服务功能，对改善生态环境、维护生态多样性发挥着重要的作用。

供氧固碳

草原植物通过光合作用可吸收大气中的二氧化碳并放出氧气，平均25平方米的草原就把一个人呼出的二氧化碳全部还原为氧气。草地生态系统中的植物、凋落物、土壤腐殖质构成了系统的三大碳库，是全球碳循环中的重要环节，对全球气候具有重大影响。一旦草原生态系统碳循环失衡，全球碳循环将遭受到严重的打击，各大生态系统安全将面临新的挑战。

净化空气

草原被誉为"城市之肺"和"大气过滤器"，发挥着改善大气质量的显著作用，给人类提供一个舒适怡人的生活环境。草原上不同的草本植物可以吸收、固定大气中的NH_4、H_2S、SO_2和汞蒸气、铅蒸气等有害有毒气体，减少空气中有害细菌含量。草原不断地接收、吸附、空气中的尘埃，有效减少空气中的粉尘含量。据研究，草原上空的粉尘量仅为裸地的$1/3\sim1/6$。

防风固沙

草原是陆地上重要的绿色植被覆盖层，广泛分布于陆地表面。寸草能遮丈风，草原植物对风蚀作用的发生具有很强的控制作用。据研究，当植被覆盖度为$30\%\sim50\%$时，近地面风速可削弱50%，地面输沙量仅相当于流沙地段的1%。如果在干旱地区建立与风向垂直的高草草障，风速要比空旷地区低$19\%\sim84\%$。草原植被贴地面生长，根系发达，能覆盖地表，深入土壤。干旱半干旱区天然草原蒸腾少、耗水量少、耐干旱、耐贫瘠，拥有天然的固沙功能，已成为适于干旱区生长的主要植被类型。

涵养水源

草原具有良好的拦截地表径流和涵养水源的能力。草原植被可以吸收和阻截降水，降低径流速度，减弱降水对地表的冲击，并渗入到地下，形成地下水。据研究，天然草原不仅能截留可观的降水量，而且因其根系细小，且多分布于表土层，因而比裸露地和森林有较高的渗透率，其涵养土壤水分、防止水土流失的能力明显高于灌丛和森林。2年生的草原植被拦蓄地表径流的能力为54%，高于3～8年生森林的20%。

防止水土流失

草原植物根系发达，具有极强大的固土和穿透作用，能有效增加土壤孔隙度和抗冲刷、风蚀的能力，有效降低水土流失和土壤风蚀沙化。据在黄土高原测定，农田比草地的水土流失量高40～100倍，种草的坡地与不种草的坡地相比，地表径流可减少47%，冲刷减少77%。在减少径流含沙量方面，草原和森林减少径流中的含沙量分别为70.13%和37.13%。

为什么现在的草原生态环境会恶化？

草原生态环境恶化，生态平衡遭破坏的原因很多，就人类的干扰作用而言，以下三个方面最为主要。

1. 超载过牧。就是指牲畜放牧量超过了草原生态系统的承受能力。据研究，美国一些州的沙漠化就是在欧洲殖民者入侵后的几百年间，由于过度放牧而造成的。人和自然两种因素都可以控制草原载畜量，但人的控制是自觉控制，可以达到既发展畜牧又保护草原生态平衡的效果，是有利的。而自然控制是草原生态系统超载过牧的反

应，是一种灾难性控制，其结果往往是大批牲畜死亡，影响牧业的发展。

2. 不适宜的农垦。在人类的发展过程中，开垦草原一直是增加农田耕种面积的主要途径之一。而且古今和国内外也确有许多草原变成了"大粮仓"。但是，由于草原多处于气候条件比较严酷、生态平衡脆弱的干旱与寒

冷地区，盲目地开垦以及垦后的管理不当，常常造成既达不到粮食增产的目的而又使草原原有植被遭破坏的局面。

3．人类对资源的掠夺性开采。由于人口的增加和经济活动的增强，给草原生态系统造成了很大的压力。尤其是对草原资源的掠夺式开采，也使一些草场遭受严重破坏。例如，我国内蒙古苏尼特右旗的草原上生长着发菜、蘑菇和药材，每到采收季节，成千上万的人拥进草原大量挖掘这些植物，使这个旗20%的草场遭到破坏。

怎样保护草地？

草原的兴衰，不仅影响到人类的经济、社会发展，更重要的是，它关系着人类的生存与安全。虽然草原保护建设任重而道远，但是人们也可以采取有效措施对草原进行保护。

1．实行科学管理。草原生态系统遭受破坏的主要原因之一就是长期以来缺乏科学、有效的管理措施。国际上自20世纪60年代末就开始应用系统分析的方法对草原生态系统进行科学管理。

2．发展人工草场。建立围栏，实行分区轮放，合理利用草场等，都是已被证明的保护和恢复草原生态系统结构和功能的有效措施。

3．建立牧业生产新体系。草地是农、林、牧三者之间的纽带，应该充分利用这些自然和资源条件，发展草业和畜牧业，形成新的农业生产结构体系。这也是弥补这些地区耕地少和减轻农田压力的有效措施。

第九章
孩子们，别再打架了

在人类逐步走向辉煌的近现代时期，和平始终是人们热烈追求的。而战争，一直让人们深恶痛绝。战争不仅导致生灵涂炭、损耗经济，而且严重破坏了人类赖以生存的地球资源和自然环境。

世界上每一个国家和地区的人类，都是地球的孩子，应该和睦相处，为创建和谐世界而努力。可是，有些国家为了自身利益，对其他国家发动了灭绝人性的战争。

纵观近现代史，战争给人类造成的损失实在难以估计。即使战争的获胜方，也得不偿失。

随着科技的发展，很多国家拥有了威力强大的核武器。很难想象，一旦核战争爆发，地球将会变成什么样子，人类还能否生息繁衍？

人类凭借智慧和能力发明了足以毁灭地球的武器，这究竟是悲是喜呢？武器固然可以用来武装人类免受侵犯，又何尝不是潜在的威胁呢？

人类啊，一定要谨慎行事，千万别再自相残杀了，否则最终的受害者也是你们。

你们想"大义灭亲"吗

自从战争出现以来，其对人类造成的损失难以估计，对地球造成的危害更是不可估量。人类是地球的孩子，孩子们之间由于种种矛盾互相打杀，危害的不止是人类自身，对地球而言，这是一种"大义灭亲"的行为。任何一场战争的发动，最终的受害者都是地球。

不要再让战争延续

战争是怎样出现的？

在原始社会后期，就已经出现了战争。据考古发现，中石器时代初期，曾发生了人类有史以来最早的战争。这说明，自人类诞生以来，在大约二三百万年的历史中，发生战争的历史仅有一万年。

人类进入母系氏族阶段，出现了部落。部落是由几个氏族或胞族组成的。每一个部落都有各自的名称、语言、习俗和生存活动的地域。随着各个部落人口的增多，需要不断扩大生存、采集、狩猎的地域。在这种情况下，部落与部落之间为了争夺赖以生存的土地、河流、山林等资源，或者为了抢婚、氏族复仇，往往会发生冲突，进而

演变为战争。部落联盟，是这种战争的产物。这种战争，与阶级社会的战争有着本质的区别。这种战争，是一种单纯的打打杀杀或者互相蚕食，不具备任何阶级压迫和奴役的性质。

约5000年前，父系氏族取代母系氏族。这一时期，随着生产力和畜牧业的发展，人类的生产物品有了剩余和私有财产，逐步萌芽了私有制和阶级。此时的战争蜕变为抢劫、掠夺财富和奴隶。原始社会末期，各个部落之间互相征服、统一，促进了奴隶社会和国家的产生，使人类由野蛮时代进入了文明时代。

奴隶社会以来发生的战争，彻底改变了原始社会的战争性质，使战争开始转变成政治的工具，成为解决阶级之间、民族之间、国家之间、政治集团之间矛盾的最高斗争形式，从而出现了掠夺和反掠夺、压迫和反压迫、侵略和反侵略的战争。这类战争都是为一定的政治、经济目的而进行的。

在近现代时期，帝国主义、霸权主义和强权政治是现代战争的根源。在当今和未来，引发战争的因素有多种，主要包括争夺势力范围、领土争端、边界纠纷、掠夺战略资源、争夺市场等等。

近现代战争带来了哪些危害？

在人类逐步走向辉煌的近现代时期，和平始终是被人们热烈追求的。而战争，一直让人们深恶痛绝。战争不仅导致生灵涂炭、损耗经济，而且严重破坏了人类赖以生存的地球资源和自然环境。

在生命和经济方面，近现代对人类造成的危害如下：

据不完全统计，第一次世界大战足足打了4年3个月，卷入战争的国家达33个，受到战争影响的人口达15亿以上。此次战争的作战双方动员军队6540万人，造成军民伤亡3000多万人，直接战争费用1863亿美元，财产损失3300亿美元。

第二次世界大战历时6年之久，先后有60多个国家和地区参战，卷入战争的人口达20亿。战争作战双方动员军队1.1亿人，军民伤亡7000多万人，直接战争费用13520亿美元，财产损失高达4万亿美元。

越南战争历时14年，是继第二次世界大战以后持续时间最长、最激烈的大规模局部战争。此次战争造成越南160万人死亡，1000多万人成为难民；美国死亡5.7万人，30多万人受伤。此次战争战争耗资2000多亿美元。

伊朗与伊拉克之间的战争历时近8年。伊朗伤亡60多万人，伊拉克伤亡40多万人。两国无家可归的难民超过300万人。两国石油收入锐减和生产设施遭受破坏的损失超过5400亿美元。两国在这场战争中损失总额达9000亿美元。战争使两国的经济发展计划至少推迟20至30年。

海湾战争期间，美军死亡286人，伤3636人，被俘或失踪55人，其他国家军队亦有轻微损失。伊拉克方面则伤亡近10万人，被俘8.6万人。科威特直接战争损失600亿美元，伊拉克损失约2000亿美元，美国则为战争耗资600亿美元。

科索沃战争期间，以美国为首的北约共出动飞机2万架次，投下了2.1万吨炸弹，发射了1300枚巡航导弹，造成南联盟境内大部分地区的军事、民用、工业设施和居民区的严重破坏。空袭还造成南联盟1000多名无辜平民死亡，数十万阿尔巴尼亚族人沦为难民。

在资源和环境方面，近现代战争对人类造成的伤害如下：

第一次世界大战消耗金属5000余万吨；第二次世界大战消耗金属则高达1亿吨；1989年，中东的海湾战争爆发，仅仅42天的战争，打掉的金属与第二次世界大战相差无几。

战争对自然环境的破坏更为惨重，它能造成严重的生态破坏和空气污染。如美国在越南战争中，为扫清胡志明小道和消除丛林屏障，大量使用落叶剂，大肆进行地毯式轰炸，使大面积的森林和植被惨遭毁坏。另据资料记载，第二次世界大战期间，苏联为抵御德国法西斯的侵略，敌对双方曾毁掉森林2000万公顷、花圃果园65万公顷，炸死各种大型动物一亿只以上，使自然环境遭到严重破坏。

在海湾战争中，大约有900万吨原油泄入波斯湾，使大量的生物窒息而死。据世界环保组织预测，海湾战争使52种鸟类灭绝，波斯湾的水生物种的灭绝难以计算。对于战争和油田大火造成的大气污染对地球构成的危害，更是难以估计。石油燃烧释放的烟雾伴随着战争硝烟卷向天空，影响了亚洲季风，导致了印度和东南亚干旱。沉积在海湾地区的250万吨硫磺和氧化氮，给当地的农业造成了灾难性的危害。

海湾战争造成的生态灾难是迄今为止人类历史上最严重的一次。数年之后，当科学家对登山队员从珠穆郎玛峰上取回的雪样进行化验时，竟发现了海湾石油大火所飘逸去的灰烬，南极考察站的科学家们也在南极的雪水中化验出了海湾战争的污染物。海湾战争造成的大气污染飘散范围之广，影响之大，由此可见一斑。

战争不仅危害生命，还使大量的土地遭到破坏。据估计，二战中各种爆炸物掀起的良田表层土壤达3.5亿立方米，造成许多良田贫瘠，有些地方成了沙漠和砾石戈壁。

可以说，对人类的生存和发展构成最大的威胁的是战争，对生态环境构成最大威胁的也是战争。如果世界上没有战争，停止军备竞赛，人类社会的发展速度将会更快。如果世界上把军备竞赛的经费用于环境保护而不是用于战争，人类的生存环境和自然生态环境将会得到巨大的改善。

战争无论是对社会环境还是对生态环境，都是有百害而无一利，战争不仅是人类的大灾难，也是地球的大灾难，而地球只有一个，失去它，我们将

无立足之地、生存之处。保护地球就是保护我们的家园，只有拥有和平的环境，人类才能走向繁荣富强，我们也才会有一个安宁的家园。

遗患无穷的核战争

为什么要防止核战争？

核战争不仅对人类和其他生物的生命造成严重威胁，对生物的生存环境也会造成极大的破坏。当今世界，美俄两国巨大的核武器库就像达摩克利斯之剑，时时刻刻悬在全世界人民的头上。虽然现在没有爆发大规模核战争，但是核竞赛并未停止，每年光是核试验造成的辐射污染，就已经对人类和环境构成了潜在的威胁。

无论各个国家制造核弹的初衷是什么，有多么充足正义的理由，但是这与核弹对人类的伤害来比，又有什么价值呢？

近现代核竞争对人类造成了哪些危害？

1945年8月6日，美国在日本广岛上空投下了一颗原子弹，造成日本20余万人的城市转眼间变成废墟。三天后，美国又向日本长崎投下了一颗原子弹，造成长崎23万人死伤、失踪近15万人。

美国向日本投放核武器，在世界上属于首例核战争。在这之后，人们庆幸核战争没有延续下去，但核武器对人类造成的伤害一直在蔓延着。不妨看几个例子。

从1944年到1957年，美国中西部汉富德的核反应堆因故泄漏，导致附近很多居民都得了胰腺疾病甚至胰腺癌。其中1954年，美国在比基尼岛做氢弹试验，造成岛上大部分渔民患上核辐射病甚至死亡。这次氢弹实验，还造成比基尼岛附近众多小岛上的土著居民也深受其害。在今后的十几年里，难以计数的土著居民相继死于核辐射病，更糟糕的是他们的后代大多有严重的生理缺陷。

从1965年开始，苏联数以百计的核试验造成大面积的地面塌陷，严重破坏了地下结构和生态系统。核试验区附近的大部分牧民患上了核辐射病，牧民的后代不断出现新的遗传疾病和生理缺陷。

从1966年开始，法国在南太平洋的波利尼西亚群岛上进行了150多次氢弹、原子弹试验，致使周围岛屿的居民健康受到了严重损害。后来，法国将核试验场转移到了海底，但是依然对靠海生活的居民的健康造成了严重危害。

从1952年开始，英国在澳大利亚维多利亚大沙漠地区进行了大规模的氢弹、原子弹试验，致使当地的土著居民受到了不同程度的核辐射。

核武器是怎样杀伤人类的？

一般核武器对人类造成的危害，公认的有以下5种：

1. 高压杀伤破坏——冲击波（占50%）。在核爆炸时，巨大的能量是在不到一秒钟的时间里释放出来的，爆炸产生的高温高压气体强烈地向四周膨胀，这个像飓风一样的压力波通过空气、水和土壤等介质传播。5秒钟就可以传到2千米的地方，摧毁一切它可以推倒的东西（主要是建筑），大量的人员直接死于高压的挤压和间接死于房屋的倒塌。随着距离的延长，冲击波会逐步减弱。

2．高温杀伤破坏——光辐射（占35%）。核爆炸时的火球发光可以持续几秒钟，使周围的空气温度高达几十万度，火球发射的光辐射包括X射线、紫外线、红外线和可见光。如此高的温度辐射，会把大部分物体烧焦、熔化、致死，人员不死也会烧伤皮肤、毁坏视力、灼伤呼吸道。

3．特殊杀伤破坏——贯穿辐射（占5%）。核爆炸产生的由阿尔法、贝塔、伽马和中子流组成的辐射，对人体肌体内部细胞产生电离作用，破坏细胞正常功能，并可产生有毒物质（致癌），使人得急性放射性病在短期内死亡，或对下一代影响极大。广岛原子弹死亡的14万人中，大部分是核爆炸后得放射性病逐步死亡的。

4．长期危害——放射性污染（占10%）。核爆炸一分钟内，前三种危害作用就会消失，但核爆炸放出的放射性物质会弥散在大地、水源和空气中，有的衰减得很快（几秒），有的很慢（几万年），但大部分会较快地减弱，经过清洗会更快减弱。但是，如果把放射性物质吃进或吸入体内，危害极大。

5．对通信联络的破坏——电磁脉冲（对人也有一定危害）。电磁脉冲好像是强大的雷鸣闪电，电场强度可达到几十万伏，会中断通信、使各种控制失灵、使电子计算机数据混乱、扰乱正常的电波传播等。它的传播破坏距离达到几百或几千公里，远远大于前4种破坏距离。

万一发生核战争应该怎么办?

一旦发生核战争，最好在储备有空气、水和食物的深的地下掩体里躲过核冲突及其灾难。但如果缺少掩体，最好的防护办法是躲在壕沟里，顶部覆盖上一米或更厚的泥土。如爆炸离此相当远，不发生整体毁灭，则壕沟和泥土将能抵挡冲击波、热量和辐射的冲击。

如果你的衣服甚至身体曾暴露在辐射中，必须去除放射性物质的污染。

如在掩体内，从掩体底部刮出土壤揉擦身体的暴露部分和外衣，然后刮去泥土，将其扔到外面，如果可能，用干净的布擦皮肤。如果有水的话，就可以用肥皂和水彻底洗净身体，而不需用泥土，这样会更有效。

灭绝人性的生化武器

什么是生物武器？

生物武器是生物战剂及其施放装置的总称，它的杀伤破坏作用靠的是生物战剂。

生物战剂是军事行动中用以杀死人、牲畜和破坏农作物的致命微生物、毒素和其他生物活性物质的统称，旧称细菌战剂。生物战剂是构成生物武器杀伤威力的决定因素。致病微生物一旦进入机体（人、牲畜等）便能大量繁殖，导致破坏机体功能、发病甚至死亡。它还能大面积毁坏植物和农作物等。

生物武器的施放装置包括炮弹、航空炸弹、火箭弹、和航空布撒器、喷雾器等。以生物战剂杀死有生力量和毁坏植物的武器统称为生物武器。

什么是化学武器？

化学武器是以毒剂的毒害作用杀伤有生力量的各种武器、器材的总称，是一种大规模杀伤性武器。

化学武器是在第一次世界大战期间逐步形成具有重要军事意义的制式武器的。包括装备各军种、兵种的装有毒剂的炮弹、航空炸弹、火箭弹、导弹、布毒车、毒烟罐、航空布撒器和气溶胶发生器，以及装有毒剂前体的二元化学弹药。可灵活机动地实施远距离、大纵深和大规模的化学袭击。

生化武器有哪些危害？

1915年4月，德军借助有利的风向风速，将180吨氯气释放在比利时伊伯尔东南的法军阵地。法军惊慌失措，纷纷倒地，15000人中毒，5000人死亡。伊伯尔之役后，交战双方先后研制和使用了化学武器。德国间谍将炭疽杆菌的培养物投放到协约国军队的饲料中造成战马瘟疫流行。

第一次世界大战中，化学武器造成了127.9万人伤亡，其中死亡人数9.1万人，约占整个战争伤亡人数的4.6%。日军侵略我国期间，曾多次对我抗日军民使用毒气，臭名昭著的731部队利用细菌武器杀害我国成千同胞，日本失败后在我国埋藏的细菌武器和化学武器在几十年后仍然多次引起中毒事件。1961—1970年，美军先后在越南南方44个省使用化学武器达700多次，中毒军民达153.6万人。

国际上怎样对待生化武器？

科学是一把双刃剑，它可以造福人类，但一旦被战争狂人利用，也会毁灭人类。国际社会必须对生化武器进行限制。

1992年9月，联合国大会第一委员会通过了《禁止化学武器公约》，并于1997年4月29日生效。

《禁止化学武器公约》主要内容是：签约国将禁止使用、生产、购买、储存和转移各类化学武器，所有缔约国应在2007年4月29日之前销毁其拥有的化学武器；将所有化学武器生产设施拆除或转作他用；提供关于各自化学武器库、武器装备及销毁计划的详细信息；保证不把除莠剂、防暴剂等化学物质用于战争目的等。条约中还规定由设在海牙的一个机构经常进行核实。这一机构包括一个由所有成员国组成的会议、一个由41名成员组成的执行委员会和一个技术秘书处。

团结就是力量

> 和谐世界，是人类发展的终极目标。只有创建了和谐世界，人类才能够繁荣昌盛。就让"和谐世界"理论成为全球国际政治伦理与国际秩序的指导原则吧，让我们行动起来，为实现这一目标而努力。

畅想和谐世界

什么是和谐世界？

和谐世界是基于中国文化传统的系统观、整体观而提出的全球政治伦理、法律与国际关系建设的伟大理念。中国的"和谐世界"理论，不仅解决了中国发展道路的问题，也是建立全球国际政治伦理与国际秩序的指导原则，是站在全球秩序的角度，而非仅仅狭隘地站在中国自己的角度，实现各国和谐共处，建立民主的世界。只有不同国家间和谐共处、实现国际关系民主化，才是建设和谐世界、促进人类持久和平、共同繁荣的关键和前提。

和谐世界的主旨是什么？

中国的"和谐世界"论述，其主旨是创造"普遍发展、共同繁荣与持久和平的"世界，这与《联合国宪章》等普遍性国际组织的宗旨完全一致。中

国当前正在国内建设伟大的"和谐社会"，而在国际层面上的"和谐社会"就是"和谐世界"。这是对联合国精神和原则的丰富和贡献。"和谐世界"论述实际上从"全球治理"的角度指出了如何面对全球化挑战和管理全球化的思路。它们包括：

第一，和平、公平、有效和民主的多边主义。中国理解的多边主义不是空洞的，而是内容充实的。中国加强了"共同安全"的概念，坚持把联合国当做全球安全机制的核心。

第二，通过开放、公平、非歧视的多边贸易体制促进共同发展。

第三，文明、文化、制度的相互尊重、相互包容、相互理解。

第四，通过改革加强联合国。联合国不可替代，是应对全球挑战的主体。改革后的联合国一定会有力、有效地对付全球威胁。

第五，"积极促进和保障人权"，"使人人享有平等追求全面发展的机会和权利"。

和谐世界的意义

国际关系的新变化

国际关系和国际格局正在酝酿大调整、大变革。国际形势出现一系列引人注目的新变化。

1. 新兴力量发展迅速，世界多极化有新的发展。俄罗斯经济恢复，国力回升。以中国、印度、巴西、南非等为代表的一批新兴发展中大国发展势头迅猛。它们对世界经济的贡献率迅速增长，在全球政治、安全事务和国际体系中的作用和影响明显上升，成为牵动世界格局变化，推动多极化趋势发展的重要因素。

2．调整与变革成为各国重要政策取向。为应对全球化挑战，各大国纷纷调整内外政策，进行体制机制变革。美国提出并实施变革外交，与多边机制和大国合作增多。欧盟积极推动多边主义和共同外交与安全政策。俄罗斯提出大国"集体领导"。各大国都力求在新一轮综合国力竞争中赢得先机。

3．全球性问题备受各方关注。恐怖主义和大规模杀伤性武器扩散威胁依然严峻，国际军控和裁军进程停滞不前，能源安全问题持续升温，气候变化成为国际社会关注焦点。各国纷纷推出各种倡议和主张，全球性问题推动全球性合作，国际秩序和国际体系孕育调整，各种新的合作机制加快形成。

4．亚洲地区地缘政治格局孕育深刻变动。亚洲对世界经济增长的拉动性增大。东北亚地区局势相对缓和，朝鲜半岛和东北亚安全合作机制建设问题提上议程。东盟、上海合作组织、南盟等深化务实合作。亚洲区域合作进一步增强。

5．世界经济增长趋缓，国际金融市场风险增高。今年以来，原油和主要矿产品价格继续攀升，农产品价格不断上涨，国际市场主要初级产品价格高位波动，原油价格在100美元以上震荡。美国次贷危机与国际原油及商品价格连创新高不期而遇。受供求关系趋紧、美元贬值、国际投机资本炒作、地缘政治事件等因素影响，国际市场上能源、资源和食品价格高企短期内难以改变，通胀压力上升。美经济减速对世界经济增长产生负面影响。全球生产、消费和投资活动受到抑制，世界经济不确定和风险因素明显增多。

和谐世界理念具有什么历史意义？

以中国为代表的东方人和以欧洲为代表的西方人，在思维方式上存在着

本质的不同，中国人传统的思维方式是由宏观到微观，欧洲人的思维方式是由微观到宏观，不同的思维方式创造了不同的科学体系、文化体系和历史形态。现代科学体系和现代的资本主义制度，都是建立在西方由微观到宏观思维方式的基础之上。它们带有由小到大的思维方式的种种局限，如发展的盲目性、竞争的无序性、过度强调个人利益等。这些局限发展到今天，已经给地球、给人类带来了巨大的危害，严重地影响到人类的长远发展。

中国人的传统思维方式由大到小，整体意识较强，强调的是秩序、和谐，这恰好是当今世界所迫切需要的。创建和谐世界理论是在本质上对西方主导的以利己主义和自由竞争为基础的国际秩序的一种修正。这种修正将有利于各地区人民的和谐共存，有利于人类的长远发展。

第十章
腰酸背疼的后果

地球也会腰酸背疼，有时她会患上腰间盘突出，有时会疼得大喘气。这可不得了，地球每一次病情发作，对人类都是一场可怕的灾难。

先看看地球腰间盘突出的症状表现。

2005年3月28日，苏门答腊岛附近海域发生里氏8.5级地震。2008年5月12日，我国四川汶川里氏8级大地震。2010年1月12日，加勒比岛国海地发生里氏7.0级大地震。

再看看地球大喘气的症状。

1900年9月8日，美国得克萨斯州加尔维斯顿城遭受海啸袭击。2010年6月7日美国俄亥俄州遭受特大龙卷风袭击。

无论是大地震、火山喷发，还是海啸、龙卷风，人类都是难以抵御的，唯有在灾难过后做好救护重建工作，将灾后的危害降到最低。

另外，灾难的出现与人类对自然和生态的破坏有直接关联。人类必须悬崖勒马，尽最大努力去保护自然。如果人类依然固我地破坏自然，无异于自掘坟墓。

可怕，腰间盘突出

不管是大地震还是火山喷发，人类全都束手无策。灾难过后，人类唯有全力以赴进行救灾重建工作。但是，人类千万不能忽视，有些灾难的发生是由人类自己引起的。

地球奇观——火山

什么是火山?

早在古罗马时期，人们就见证了火山喷发的现象。当时，人们对火山喷发尚不能作出科学解释，便把山体剧烈燃烧的原因归结为火神武尔卡在发怒。于是，在意大利南部地中海利帕里群岛中，人们把一座火山命名为武尔卡诺火山。同时，火山一词的英文名称"Volcano"随之出现。

随着现代科学的发展，人们对火山有了明确的定义：在地壳以下的100～150千米深处，受到高温、高压的影响，产生了大量含有气体挥发成分的熔融状硅酸盐物质，这就是岩浆。岩浆随着地壳活动不断运动着，一旦遇到地壳薄弱的地段，就可能喷发出来形成火山。

火山分为几种?

不是每一个火山都会喷发，它分为活火山、死火山和休眠火山三种，各自的喷发性质也是不同的。

1．活火山指的是目前依然在活动或周期性发生喷发的火山。活火山一般都处于活动的旺盛时期。如爪哇岛上的梅拉皮火山就是一座活火山，自21世纪以来，平均每隔两三年就要会喷发一次。又如，我国新疆昆仑山西段的卡尔达西火山也是活火山，曾于6年前喷发过一次。

　　2．死火山指的是史前曾喷发过，但有史以来一直没有发生活动的火山。死火山基本上丧失了活动能力，几乎不可能再喷发。目前世界上存在的很多死火山，有的已遭受风化侵蚀，只剩下残缺不全的火山遗迹。如我国山西大同火山群，在史前时期曾是活火山，但现在已经成为死火山，该火山群在方圆约123平方公里的范围内，分布着99个孤立的火山锥。

　　3．休眠火山指的是有史以来曾喷发过，但长期处于相对静止状态的火山。休眠火山一般都保存着完好的火山锥形态，仍然具有活动能力或尚不能断定其已丧失活动能力。如我国长白山天池的火山，据记载曾于1327年和1658年两度喷发，目前虽然没再喷发，但在火山口可看到不断升腾的高温气体，可见该火山正处于休眠状态，不知道什么时候就会喷发。

　　应该注意的是，这三种类型的火山在定义上不存在严格的界限。休眠火山可以复苏，死火山也可以"复活"，任何火山的喷发性质都不会一成不变的。举个例子，公元79年，意大利的维苏威火山突然爆发，火山喷发物袭击了毫无防备的庞贝和赫拉古农姆两座古城，两座城市及居民全部毁灭和丧生。造成这场灾难的主要原因是，当时的人们认为维苏威火山是一座死火山，孰料这座死火山奇迹般"复活"了。

火山的喷发类型有哪些？

世界上所有火山的喷发类型并非完全相同，按照岩浆的通道可分为裂隙式喷发和中心式喷发两类。

裂隙式喷发

也叫冰岛型火山喷发。其喷发现象为岩浆沿着地壳中的断裂带溢出地表。此类喷发缓慢宁静，喷出的岩浆多为黏性较小的基性玄武岩浆，其夹杂的碎屑和气体较少。岩浆溢出后，形成广而薄的熔岩被，或玄武岩高原。岩浆凝固后形成的火山锥多为线状排列。

中心式喷发

该类型的喷发现象为岩浆沿着火山喉管溢出地面。根据喷出物和活动强弱，该类型又可分为下列几种，其名称多用代表性的地名或人名命名。

1. 夏威夷型：岩浆多为基性熔岩，气体和火山灰较少。熔岩从火山口中溢出后，形成盾形的火山锥体，顶部碗状火山口中有灼热的熔岩湖，湖面还会出现熔岩"喷泉"。

2. 斯特朗博利型：岩浆多为黏性的熔岩，气体较多。该类喷发具有中等强度的爆炸，喷出物中夹杂着火山灰、火山渣和老岩屑，还会产生熔岩流。

3. 乌尔坎诺型：岩浆多为黏性或固体有棱角的大块熔岩。该类型的喷发比较猛烈，并伴随大量火山灰抛出，形成"烟柱"。岩浆凝固后往往形成碎屑或层状火山锥。

4. 培雷型：岩浆多为黏稠的中酸性熔岩，气体较多。该类型的喷发会出现强烈爆炸，并形成迅猛的火山灰流。岩浆凝固后火山锥为坡度较大的碎屑锥，锥顶部为岩穹，经风化剥蚀后火山颈突出地面。

5. 普里尼型：该类型喷发时爆炸特别强烈，产生高耸入云的发光火山云和火山灰流。火山锥顶为猛烈的爆炸所破坏的火山口。

6．超乌尔坎诺型：该类型通常不会喷出岩浆，喷出物主要是岩石碎屑和火山灰、气体，且量不多。

7．蒸气喷发型：该类型一般不会喷出岩浆，喷出物多为被岩浆气化的地下水。

火山喷发对地球有什么影响？

有些火山喷发时，现象蔚为壮观。但是，其威力也很巨大。这样的火山爆发往往会给人类带来严重灾难，主要有以下几方面。

影响全球气候

火山爆发时会喷出大量火山灰和火山气体，并引发狂风暴雨，还让白昼变得昏天暗地，对气候造成极大的影响。在这种情况下，火山周围的居民可能会受到长达数月的泥浆雨的困扰。此外，火山灰和火山气体被喷到高空中，就会随风散布到更远的地方。这些火山物质会遮蔽住阳光，导致气温下降。它们还会过滤掉某些波长的光线，让太阳和月亮看起来似乎蒙上一层光晕，或是泛着奇异的色彩，形成奇特的自然景观。

破坏环境

火山爆发会喷出大量的火山灰，并引发暴雨。火山灰与暴雨结合形成泥石流，像迅猛的洪水一样，冲毁道路、桥梁，淹没附近的乡村和城市，让无数的人命丧黄泉或无家可归。

重现生机

火山爆发并非有百害无一益，它能给农田盖上不到20厘米厚的火山灰。这对农民来说可谓喜从天降，因为这些火山灰富含养分，能使土地变得很肥沃。

火山资源有哪些好处?

虽然强烈的火山喷发给人类造成了严重危害,但是只要合理利用火山资源,也可以给我们的生活带来乐趣与便利。火山资源的价值主要体现在旅游、地热利用和火山岩材料方面。

火山和地热如同一对孪生兄弟,往往有火山的地方就有地热能源。对人类来说,地热能源是一种廉价、无污染的新能源,目前已经得到了广泛的应用,比如医疗、旅游、农用温室、水产养殖、工业加工等各个方面,都可看到对地热能源的应用。

有人曾对卡迈特火山区进行考察,发现那里有成千上万个天然蒸汽和热水喷口。据粗略估算,这些蒸汽和热水喷口平均每秒的产量达2万立方米,一年内可从地球内部带出热量40万亿千卡,相当于燃烧600万吨煤的能量。

冰岛是一个位于火山活动频繁地带的岛国,这里可开发的地热能源达450亿千瓦时,地热能源年发电量可达72亿千瓦时。冰岛的人民很好地利用了地热能源,给日常生活带来了很多收益。其中,冰岛雷克雅未克周围的3座地热电站可为15万人供应热水和电力,而整个冰岛85%的居民都利用地热能源取暖。

地热能源干净卫生,大大减少了利用煤炭、石油等能源造成的污染,还可以节省开支。自1975年以来,冰岛一直充分利用地热能源,整个国家的空气质量明显改善。冰岛人提高了地热能源的使用效率,包括进行温室蔬菜花草种植、建立全天候室外游泳馆,等等。

目前,全世界有十多个国家都在利用地热能源发电。我国西藏羊八井也建立了地热试验基地，并取得了很好的成绩。

除了地热能源外，火山活动还可以形成多种矿产，最常见的是硫磺矿。陆地火山喷发的玄武岩，可以结晶出自然铜和方解石。海底火山喷发的玄武岩，则可形成规模巨大的铁矿和铜矿。另外，大家熟知的钻石，其形成也与火山有关。

火山在爆发之后，会留下独特的地貌环境，这让火山口成为人气爆棚的旅游胜地。开发火山旅游，不失为一种带动经济的好办法。

火山会产生什么样的奇观？

火山喷发后期会产生一种自然现象——间歇泉。当地下水受到地下高温和高压影响后，水和蒸汽就会从火山口喷出，压力降低后就停止喷出，进入下一个过程。

美国黄石公园的间歇泉是举世闻名的，其中有些可喷射达100多米高，那种惊涛骇浪般的吼声往往令人惊心动魄。黄石公园的老忠实泉喷出的水柱可达180米，沸水散发出的蒸汽宛如一团白云挂在蓝天上，看起来蔚为壮观。老忠实泉每一小时喷射一次，每次历时5分钟，非常精确，所以得了这么一个名字。

有的火山在火山口底部会形成岩浆湖，就如同一锅滚开的粥。夏威夷岛上的基拉韦厄火山口直径达4000多米，深130米，在这个形同大锅的火山口底部，就有一片深十几米的岩浆湖，有时湖上还会喷出高达数米的岩浆喷泉。

我国黑龙江省有一处著名的"地下森林"，它是由7个死火山口演化而成的。由于火山喷发物被风化腐蚀后变成了肥沃的土壤，一些植物便在火山口的大坑里生根繁殖，逐渐演变为森林。

有些火山口堪称是大自然的鬼斧神工之作。如号称"世界第八大奇迹"的恩戈罗火山口，它深达600多米，上面直径为18公里，底面积为260平方公里，如同一口直上直下的巨井。更为奇特的是，在这口"井"里，居然生活着狮子、长颈鹿、水牛、斑马等多种动物，简直就是个热闹的动物园。

地球灾难——地震

地震是如何产生的？

地球可分为三层，中心层是地核、中间是地幔、外层是地壳。地壳内部在不停地运动、变化，并且会产生巨大的内力作用。当地壳的内力作用爆发时，就会使地壳岩层变形、断裂，或者错动，于是就发生了地震。

地壳运动可能引发超级地震，也就是人们所说的大地震，但大地震的发生频率只占总地震数目的7%～21%。不过，大地震往往带来毁灭性的灾难，其破坏程度是原子弹的数倍。

地震有哪些种类？

地震主要分为天然地震和人工地震。此外，地球受到某些特殊情况的影响，也会产生地震，比如当有巨大陨石撞击地面时，就可能引发地震。

地震是由地球表层振动引起的，根据这一成因可把地震分为以下几种：

1. 构造地震：由于地下深处岩石破裂、错动，长期积累在地壳中的力量急剧释放出来，以地震波的形式向四面八方传播出去，引起地面发生房倒屋塌、强烈振动，这种地震称为构造地震。这类地震在地球上发生的频率最多，破坏力也非常巨大，占全世界地震总数目的90%以上。

2. 火山地震：火山喷发时产生的岩浆活动、气体爆炸等也可能引发地震，称为火山地震。此类地震只在火山活动区才可能发生，占全世界地震总数目的7%左右。

3. 塌陷地震：当地壳受到地下岩洞或矿井顶部塌陷的影响时也可能引发地震，称为塌陷地震。这类地震的规模比较小，次数也很少。

4. 诱发地震：由于水库蓄水、油田注水等活动而引发的地震称为诱发地震。这类地震仅仅在某些特定的水库库区或油田地区发生。

5. 人工地震：地下核爆炸、炸药爆破等产生的巨大威力也可能引发地震，称为人工地震。该类地震完全是由人为造成的。

地震有哪些危害?

地震是世界上最凶恶的敌人，它所造成的直接灾害有：

破坏建筑物和构筑物，如房屋倒塌、桥梁断落、水坝开裂、铁轨变形等等。

破坏地面，如地面裂缝、塌陷、喷水冒砂等。

破坏山体等自然物，如山崩、滑坡等。

海啸、海底地震引起的巨大海浪冲上海岸，造成沿海地区的破坏。

此外，在有些大地震中，还有地光烧伤人畜的现象。

地震的直接灾害发生后，会引发出次生灾害。有时，次生灾害所造成的伤亡和损失比直接灾害还大。1932年，日本关东大地震，遭受地震破坏而倒塌的房屋有1万幢，而地震引发的失火却烧毁了70万幢房屋。

地震引起的次生灾害主要有：

火灾，由震后火源失控引起。

水灾，由水坝决口或山崩壅塞河道等引起。

毒气泄漏，由建筑物或装置破坏等引起。

瘟疫，由震后生存环境的严重破坏所引起。

破坏性地震会给国家经济建设和人民生命财产安全造成直接和间接的危害和损失，尤其是强烈的地震会给人类带来巨大的灾难。目前，每年全世界由地震灾害造成的平均死亡人数达8000～10000人，平均经济损失每次达几十亿美元。

大地震如果发生在渺无人烟的地方是不会造成伤害的，如果发生在城市或农村的话，就会造成房倒屋塌，甚至建筑物与重要工程也会遭到破坏，并危及人员的生命安全，给人们造成严重灾害。1976年，我国唐山大地震，将一座百万人口的工业城市变成了废墟，直接经济损失100亿元以上，救灾花了6亿多元，重建用了50亿元，而且在地震发生后的一段时间内，造成全国人民的恐震心理。1995年1月17日，日本阪神大地震造成5438人死亡，直接经济损失高达1000亿美元。

地震震级是怎样划分的？

根据地震时释放的能量大小，可将地震划分为不同的震级。有些地震产生的威力仅相当于一颗手榴弹爆炸的威力，有些地震产生的威力却相当于数颗原子弹爆炸的威力。总之，地震所释放出来的能量通过测定可以计算出来。

地震释放的能量越多，地震级别就越大。1960年5月22日，智利发生里氏9.5级地震，这是目前人类有记录的震级最大的地震。这次地震所释放的能量相当于一个100万千瓦的发电厂40年的发电量。2008年5月12日，我国汶川发生大地震，这次地震所释放的能量约相当于100万千瓦的发电厂2年的发电量。

为了在实际工作中评定地震的烈度，人们制订了统一的评定标准，这个标准称为地震烈度表。我国最新地震烈度表是1990年编订的。具体内容如下：

烈度	地震现象
1度	人无感觉，仪器能记录到
2度	个别完全静止中的人感觉得到
3度	室内少数人在完全静止中能感觉到
4度	室内大多数人有感觉，室外少数人有感觉；悬挂物振动，门窗有轻微响声
5度	室内外多数人有感觉，梦中惊醒，家畜不宁，悬挂物明显摆动，少数液体从装满的器皿中溢出，门窗作响，尘土落下
6度	很多人从室内跑出，行动不稳，器皿中液体剧烈动荡以至溅出 架上的书籍器皿翻倒坠落，房屋有轻微损坏以至部分损坏
7度	自行车、汽车上的人有感觉，房屋轻度破坏（局部破坏、开裂），经小修或者不修可以继续使用；牌坊、烟囱损坏，地表出现裂缝及喷沙冒水
8度	行走困难，房屋中等破坏（结构受损，需要修复才能使用）；少数破坏路基塌方，地下管道破裂；树梢折断
9度	行动的人摔倒，房屋严重破坏（结构严重破坏，局部倒塌修复困难）；牌坊、烟囱等崩塌，铁轨弯曲；滑坡塌方常见
10度	处于不稳状的人会摔出，有抛起感，房屋大多数倒塌；道路毁坏，山石大量崩塌，水面大浪扑岸
11度	房屋普遍倒塌；路基堤岸大段崩毁，地表产生很大变化，大量山崩滑坡
12度	地面剧烈变化，山河改观——一切建筑物普遍毁坏，地形剧烈变化动植物遭毁灭

地震主要分布在哪些地带？

地震并非在任何地方都会发生。它的地理分布受一定的地质条件控制，是有规律可循的。据科学调查，地震大多发生在地壳不稳定的部位，尤其在板块之间的消亡边界，非常容易形成地震活动相对活跃的地震带。全世界主要有三个地震带：

在太平洋板块和美洲板块、亚欧板块、印度洋板块的消亡边界，南极洲板块和美洲板块的消亡边界上有一条环太平洋的地震带，包括南、北美洲太

平洋沿岸，阿留申群岛、堪察加半岛，千岛群岛、日本列岛，经台湾再到菲律宾转向东南直至新西兰。该地震带集中了全世界80%以上的地震，是地球上地震最活跃的地区。

在亚欧板块和非洲板块、印度洋板块的消亡边界上有一条欧亚地震带，包括从印度尼西亚西部、缅甸，经中国横断山脉、喜马拉雅山脉，越过帕米尔高原，经中亚细亚到达地中海及其沿岸。

三是中洋脊地震带包括太平洋、大西洋和印度洋以及北极海的中洋脊。该地震带的地震几乎都是浅层地震。

我国地震主要分布在五个区域：台湾地区、西南地区、西北地区、华北地区、东南沿海地区。

发生地震时有什么前兆？

虽然地震是一种突发的灾难，但它也存在一定的前兆。

地震的发生主要是受到地壳内力的影响。在地壳内力逐渐积累、加强的过程中，会引起震源区及附近物质发生一系列异常现象，如地表发生明显变化，地磁、地电、重力等地球物理异常，地下水位异常，动物行为异常，等等。

地震异常可分为地震微观异常和地震宏观异常两类。

地震的宏观异常有哪些表现？

人的感官能直接觉察到的地震异常现象称为地震的宏观异常。

地震的宏观异常表现形式纷繁复杂，且变化多端。异常的种类多达几百种，异常的现象多达几千种，大体可分为：

地下水异常

地下水包括井水、泉水等。当看到泉水发生翻花升温、变色变味、突升突降等现象，或井水的井口变形、水面暴涨等现象时，就可能要发生地震。人们总结了震前井水变化的谚语：

井水是个宝，地震有前兆。

无雨泉水浑，天干井水冒。

水位升降大，翻花冒气泡。

有的变颜色，有的变味道。

生物异常

很多动物的感觉器官非常灵敏，它们能比人类提前预知一些灾害事件的发生。比如，海洋中的水母能预报风暴，老鼠能事先躲避矿井崩塌，等等。地震前地下岩层早已在逐日缓慢活动，呈现出蠕动状态，并产生一种每秒钟仅几次至十多次的低频声波。人只能感觉到每秒20次以上的声波，但是有些动物能够感觉到地震声波。于是，就会出现冬蛇出洞、猪牛跳圈等异常现象。

气象异常

人们常说地震预报科技人员是"上管天，下管地，中间管空气"，这的确有道理。地震之前，气象往往出现异常，主要包括震前闷热、黄雾四散、日光晦暗、怪风狂起、六月冰雹，等等。地震预报科技人员根据这些异常现象，分析判断是否会发生地震，以便发出预警。

地声异常

地震前地下可能出现如炮响雷鸣、重车行驶、大风鼓荡等怪异的声响，称之为地声异常。造成这种现象的原因是，当地震发生时，震源会产生纵波沿地面传播，使空气振动发声。震源纵波的传播速度很快频率较大但威力相对薄弱，人们只能听到声音，感觉不到波动。多种地震资料表明，相当大部分

地声是临震前兆。掌握地声知识就有可能对地震起到较好的预报和预防效果。

地光异常

地震发生前地下可能出现光怪陆离的光亮，其颜色五色斑斓，有银蓝色、白紫色等；其形态也千奇百怪，有带状、球状、柱状、弥漫状等，这种现象称为地光异常。地光异常出现的范围较大，多在震前几小时到几分钟内出现，可持续几秒钟。如我国海城、唐山、松潘等地震前后都出现了缤纷多彩的地光现象。地光也常常伴随山崩、滑坡、塌陷等自然现象同时出现，它会沿断裂带或一个区域作有规律的迁移，对人或动植物造成不同程度的危害。

地气异常

地震发生前还可能出现地下雾气，具有白、黑、黄等多种颜色，常在震前几天至几分钟内出现，并伴有怪异味道，有时伴有声响或带有高温，这种现象称为地气异常。了解了地气异常，对地震预测也有很大的帮助。

地动异常

地动异常是指地震前地面出现的晃动。地震时地面剧烈振动，是众所周知的现象。但地震尚未发生之前，有时也能感到地面在晃动，这种晃动与地震时不同，震动得非常缓慢，地震仪常记录不到，但很多人可以感觉得到。最为显著的地动异常出现于1975年2月4日海城7.3级地震之前，从1974年12月下旬到1975年1月末，在丹东、宽甸、凤城、沈阳、岫岩等地出现过17次地动。

地鼓异常

地震前地面上可能会出现鼓包，称为地鼓异常。1973年2月6日，我国四川炉霍发生地震前约半年，其境内甘孜县拖坝区一片草地上出现一个地鼓，形状宛如一个倒扣的铁锅，约高20厘米，四周断续出现裂缝。这个地鼓每隔一段时间就会消失，然后再次出现，几天内反复多次，直到发生地震。

电磁异常

地震前一些家用电器如收音机、电视机、日光灯等出现信号不稳定、中断的现象，称为电磁异常。1976年7月28日唐山发生7.8级地震的前几天，唐山很多居民家的收音机失灵，声音忽大忽小，时有时无，还会连续出现噪音。

地震电磁异常还包括一些电机设备工作不正常，如微波站异常、无线电厂受干扰、电子闹钟失灵等。

在地震预报尤其是短临预报中，地震宏观异常现象具有重要参考价值。比如，1975年我国辽宁海城7.3级地震和1976年松潘、平武7.2级地震前，地震工作者和很多百姓都看到了大量的地震宏观异常现象，为这两次地震的成功预报提供了重要资料。

不过，必须引起注意的是，上面所列举的多种地震宏观现象，也可能是由其他原因造成的，不一定都是地震的前兆。比如：井水和泉水的涨落与降雨是有关联的，也可能受附近抽水、排水的影响；井水的变色变味可能是受到了污染；动物的异常表现可能是受到气象、疾病等刺激。此外，不能盲目认识地震宏观现象，不要把电焊弧光、闪电等误认为地光，不要把雷声误认为地声，等等。

如果发现与地震宏观异常类似的自然现象，不要轻易作出必将发生地震的结论，更不要惊慌失措、造谣生事。正确的做法是，弄清异常现象出现的时间、地点和有关情况，保护好现场，并及时向相关部门报告，让地震部门的专业人员调查核实，弄清事情真相。

地震的微观异常有哪些表现?

地震的微观异常指的是人的感官无法觉察，只有用专门的仪器才能测量到的地震异常现象，主要包括以下几类：

1. 地震活动异常。大地震与小地震之间存在一定的关联。世界上发生大地震的次数并不多，但是中小地震却频繁发生。研究中小地震活动的特点，可以帮助人们预测大震的发生。一般情况下，大地震发生前，震中附近地区的地壳往往发生微小的形变，某些断层两侧的岩层往往出现微小的位移，这些情况需要借助精密的仪器进行探测。分析判断这些情况，可以帮助人们预测未来大震的发生。

2. 地球物理变化。在地震孕育过程中，震源区及其周围岩石的物理性质可能出现一些变化，利用精密仪器测定不同地区重力、地电和地磁的变化，也可以帮助人们预测地震。

3. 地下流体的变化。地下流体包括地下水（井水、泉水、地下岩层中所含的水）、石油、天然气、地下岩层中产生和贮存的一些其他气体。用仪器测定地下流体的化学成分和某些物理量，研究它们的变化，可以帮助人们预测地震。

地震时应注意什么?

虽然地震发生前可能出现前兆，但是地震发生的过程很短暂。一旦地震发生，容许人逃生的时间很短。因此，当我们面临地震时，必须注意以下事项。

1. 躲在桌子等坚固家具的下面。地震发生时，如果你在家中，首先顾及的应该是自己与家人的人身安全。地震时一般会有约1分钟的晃动时间，在这短暂的时间内，千万不要惊慌，应该立

即躲在重心较低、结实牢固的桌子下面，并紧紧抓牢桌腿。如果找不到桌子等可供藏身的场合，不管怎样都要尽快用坐垫等物保护好头部。

2. 地震时，如果发现失火，应该立即将火扑灭。要知道，火灾造成的损失和伤亡比起地震来更严重。地震时失火，不可能再依赖消防员来救火，因此我们必须学会关火、灭火的技能，避免地震失火对我们造成危害。

3. 地震时，不能惊慌地向户外跑。户外并不一定安全，如果急着往户外逃生，可能就会被碎玻璃、屋顶上的砖瓦、广告牌等坠落物砸中，这是非常危险的。此外，一些水泥预制板墙、自动售货机等也可能发生倒塌，千万不能靠近这些物体。

4. 将门窗打开，确保出口。很多居民的房屋都是钢筋水泥结构的，由于地震的晃动可能造成窗口错位、打不开门。因此，地震发生时，一定要将门窗打开，确保逃生时有出口。平时应该事先想好一旦被困在屋子里如何逃脱的方法，比如准备好梯子、绳索等。

5. 户外场合，要保护好头部，避开危险处。地震发生时，会造成大地剧烈摇晃，让人站立不稳。这时，每个人都可能产生扶靠、抓住某个物体的心理。按照生活习惯，身边的门柱、墙壁大多会成为人们扶靠的对象。然而，这些看似结实牢固的物体，实际上是很容易断裂、倒塌的，千万不可去扶靠。如果身在户外的话，最危险的情况莫过于被坠落下来的玻璃窗、广告牌等物砸伤，一定要注意用手提包等物保护好头部。

6. 在商场、剧场时依工作人员的指示行动。地震时，在商场、剧场等人员较多的地方，最可怕的是发生混乱。这时，千万不要你推我拥，应该依照商店职员、警卫人员的指示行动。就地震而言，地下通道是相对比较安全的，就算发生停电，紧急照明灯也会立即亮起来，因此从地下通道逃生不失为一个好办法。

7．汽车靠路边停车，管制区域禁止行驶。地震发生时，汽车的轮胎很可能跟泄了气似的，让人无法掌控方向盘，难以驾驶。这时，必须充分注意避开十字路口，将车子停靠在路边。为了不妨碍避难疏散的人和紧急车辆的通行，要让出道路的中间部分。此外，要及时关注汽车收音机的广播。如果附近有警察的话，要依照警察的指示行事。

8．务必注意山崩、断崖落石或海啸。地震发生时，可能引发山崩、断崖落石等危险，应迅速到安全的场所避难。在海岸边，地震还可能引发海啸，要尽快撤离。

9．避难时要徒步，携带物品应尽量少。地震发生时很可能造成火灾，蔓延燃烧，引发危及生命、人身安全等情形。这时，应该以市民防灾组织、街道等为单位，在负责人及警察等带领下，采取徒步逃生的方式避难。避难过程中，不要携带大量物品，更不要利用汽车、自行车等交通工具逃生，因为地震极可能造成交通工具失控。

10．不要听信谣言，不要轻举妄动。地震发生时，很可能造成人们心理上的恐惧。为防止混乱，每个人都应该依据正确的信息，冷静地采取行动。不要听信道听途说的信息，而应该相信政府、警察、消防等防灾机构直接公布的信息。确认信息后，不要轻举妄动，逃生是最关键的。

快躲，我要大喘气

> 龙卷风过处屋倒树拔，海啸过处房倒屋塌，这两种灾害对人类都是无情的打击。人类当务之急，必须提高警惕，在灾难到来之前作好预警，将灾难带来的损失降到最低。

强悍的龙卷风

地球上最快最猛的强风是那种？

龙卷风是一种强烈的、小范围的空气涡旋，是在极不稳定天气下由空气强烈对流运动而产生的，由雷暴云底伸展至地面的漏斗状云（龙卷）产生的强烈的旋风，其风力可达12级以上，最大速度可达每秒100米以上，一般伴有雷雨，有时也伴有冰雹。

龙卷风在白天、夜间都能生成，但大部分发生在午后。有时，同时有几个龙卷一起出现。从火山爆发和大火灾产生的烟和水蒸气中，也可能诞生龙卷风。这种龙卷风称为火龙卷或烟龙卷。

龙卷风的形成可以分为四个阶段：

1. 大气的不稳定性产生强烈的上升气流，由于急流中的最大过境气流的

影响，它被进一步加强。

2. 由于与在垂直方向上速度和方向均有切变的风相互作用，上升气流在对流层的中部开始旋转，形成中尺度气旋。

3. 随着中尺度气旋向地面发展和向上伸展，它本身变细并增强。同时，初生的龙卷在气旋内部形成，形成龙卷核心的过程与产生气旋的过程相同。

4. 龙卷核心中的旋转与气旋中的不同，它的强度足以使龙卷一直伸展到地面。当发展的涡旋到达地面时，地面气压急剧下降，地面风速急剧上升，形成龙卷。

龙吸水是怎么回事？

龙吸水是一种偶尔出现在温暖水面上空的龙卷风，它的上端与雷雨云相接，下端直接延伸到水面，一边旋转，一边移动。这是一种涡旋，空气绕龙卷的轴快速旋转。受龙卷中心气压极度减小的吸引，水流被吸入涡旋的底部，并随即变为绕轴心向上的涡流。龙卷风将湖或海里的水卷入空中，形成高高的水柱，水柱水如同被吸入空中一样，俗称"龙吸水"，也称"龙卷水"。远远看去，被龙卷风卷上空中的水柱不仅很像吊在空中晃晃悠悠的一条巨蟒，而且很像一个摆动不停的大象鼻子。

龙卷风出现时，往往不只一个。有时从同一块积雨云中可以出现两个，甚至两个以上的"象鼻"——漏斗云柱。只是有的"象鼻"刚刚开始下伸，有的"象鼻"下端却已经接地或在接地后正在缩回云中，也有的在云底伸伸缩缩，始终不垂到地面。

2009年8月3日，我国栖霞市境内的长春湖面上出现"龙吸水"景观。当天16时许，长春湖面上突然腾起一条参天水柱，顷刻间大雨倾盆。

2009年10月4日早晨，我国渤海湾海面惊现3条"龙吸水"壮观景象。它们将大量海水吸到空中，随后带来雷阵雨。

2009年8月23日上午，我国洱海边天气骤变，水面上空乌云密布，一条水柱似苍龙出海般连于海天之间。由于洱海上空的浓积云发展旺盛，上下对流运动加剧，温差增大，所以形成此奇观。

龙卷风有哪些危害?

龙卷风的脾气极其粗暴。在它所到之处，吼声如雷，强的犹如飞机机群在低空掠过。这可能是由于涡旋的某些部分风速超过声速，因而产生小振幅的冲击波。龙卷风里的风速究竟有多大？人们还无法测定，因为任何风速计都经受不住它的摧毁。一般情况，风速可能在每秒50～150米，极端情况下，甚至达到每秒300米或超过声速。

超声速的风能，可产生无穷的威力。1896年，美国圣路易斯的龙卷风夹带的松木棍竟把一厘米厚的钢板击穿。1919年发生在美国明尼苏达州的一次龙卷风，使一根细草茎刺穿一块厚木板；而一片三叶草的叶子竟像楔子一样，被深深嵌入了泥墙中。不过，龙卷风中心的风速很小，甚至无风，这和台风眼中的情况很相似。

尤其可怕的是龙卷内部的低气压。这种低气压可以低到400毫巴，甚至200毫巴，而一个标准大气压是1013毫巴。所以，在龙卷风扫过的地方，犹如一个特殊的吸泵一样，往往把它所触及的水和沙尘、树木等吸卷而起，形成高大的柱体，这就是过去人们所说的"龙倒挂"或"龙吸水"。当龙卷风把陆地上某种有颜色的物质或其他物质及海里的鱼类卷到高空，移到某地再随暴雨降到地面，就形成"鱼雨"、"血雨"、"谷雨"、"钱雨"了。

当龙卷风扫过建筑物顶部或车辆时，由于它的内部气压极低，造成建

筑物或车辆内外强烈的气压差，倾刻间就会使建筑物或交通车辆发生"爆炸"。如果龙卷风的爆炸作用和巨大风力共同施展威力，那么它们所产生的破坏和损失将是极端严重的。

在通常的情况下，如果龙卷风经过居民点，天空中便飞舞着砖瓦、断木等碎物，因风速很大也能使人、畜伤亡，并将树木和电线杆砸成窟窿。就是一粒粒的小石子，也宛如枪弹似的，能穿过玻璃而不使它粉碎。

难以捉摸的龙卷风

各种龙卷风的范围很小，寿命很短促，这给科学研究和预报带来了很大的困难。但是，龙卷风到来之前，只要留心观察，总会出现一些值得注意的天气现象和特征的。比如，龙卷生成前大气很不稳定，云系对流旺盛，气压明显降低，云的底部骚动特别厉害等等，这对于预报龙卷风有一定的帮助。

另外，气象雷达在发现和追踪龙卷风上起着很重要的作用，它可以测到300公里外的雷雨云，一旦在雷达中发现有龙卷风存在的钩状回波时，即可发出警报。但也有的龙卷风出现时，这种钩状回波不明显。因此，采用雷达和目视相配合的方法常常更可靠一些。当观察者发现龙卷风后，应立即报告气象部门，可用雷达跟踪，随后还有一定的时间对龙卷风路径上的居民和单位发布警报。

气象卫星的出现给龙卷风预报增添了新的探测工具，尤其是用同步卫星拍摄的云层照片，在监视龙卷风的发生上起着更重大的作用。卫星昼夜都能观测，并且可以看到更小的目标。如果把卫星和雷达结合起来，就能连续观察龙卷风的变化，可在龙卷风发生前半小时发布警告。

龙卷风的防范措施

1. 在家时，务必远离门、窗和房屋的外围墙壁，躲到与龙卷风方向相反的墙壁或小房间内抱头蹲下。躲避龙卷风最安全的地方是地下室或半地下室。

2. 在电杆倒、房屋塌的紧急情况下，应及时切断电源，以防止电击人体或引起火灾。

3. 在野外遇龙卷风时，应就近寻找低洼地伏于地面，但要远离大树、电杆，以免被砸、被压和触电。

4. 汽车外出遇到龙卷风时，千万不能开车躲避，也不要在汽车中躲避，因为汽车对龙卷风几乎没有防御能力，应立即离开汽车，到低洼地躲避。

并不可笑的海啸

海啸是怎样发生的？

海啸通常由地震引发，其形成条件：海底发生里氏6.5级以上的地震，且震源在海底下50千米以内。地震发生时，造成海底地层断裂，部分地层猛然上升或者下沉，由此导致从海底到海面的整个水层发生剧烈"抖动"，这种"抖动"就是海啸。

由地震引发的海啸与海面上的普通的海浪不同，通常情况下海浪只在一定深度的水层波动，而地震所引起的海啸是从海面到海底整个水层的起伏。此外，海底火

山爆发、土崩及人为的水底爆炸也可能引发海啸。陨石撞击也会引发海啸，形成的"水墙"可达百尺。

海啸发生时，它的波长比海洋的最大深度还要大。无论海洋有多深，海啸的波都不会在海底受到阻滞，其传播速度可达500～1000千米／小时。当海啸波进入海底大陆架后，由于深度变浅，海啸的波高会突然增大，从而引发高达数十米的海涛，并形成一道"水墙"。

海啸与海风产生的浪潮有很大差异。海风吹过海洋，泛起的浪潮相对较短，相应产生的水流仅限于浅层水体。即使是猛烈的大风引发的高达3米以上的浪潮，也不能撼动海洋深处的水。而海啸所含的能量非常惊人，它在海水中可以传播几千公里能量损失却很小，当它掀起的惊涛骇浪冲上陆地时，就会对人类生命和财产造成严重威胁。

海啸有哪些种类？

根据引发海啸的不同因素，可将其分为4种类型：分别是由气象变化引起的风暴潮，火山爆发引起的火山海啸，海底滑坡引起的滑坡海啸和海底地震引起的地震海啸。

其中，地震海啸是一种由地震造成海底地形急剧升降引起海水"抖动"的现象。地震海啸又可分为"下降型"海啸和"隆起型"海啸两种。

"下降型"海啸：某些海底构造地震造成海底地壳大范围地急剧下降，海水就突然向错动下陷的空间涌去，并在下降区上方大规模积聚。当积聚的海水在海底遇到阻

力后，就会翻回海面产生压缩波，形成惊涛骇浪，并向四周传播与扩散。这种下降型的海底地壳运动形成的海啸波在海岸首先表现为异常的退潮现象。1960年智利地震海啸就属于此种类型。

"隆起型"海啸：某些海底构造地震造成海底地壳大范围的急剧隆起，海水就随着隆起区一起抬升，并在隆起区上方大规模积聚。在重力作用下，海水必须保持一个等势面以达到相对平衡，于是海水从隆起区向四周扩散，形成汹涌巨浪。这种隆起型的海底地壳运动形成的海啸波在海岸首先表现为异常的涨潮现象。1983年日本海7.7级地震引起的海啸属于此种类型。

遇到海啸应该怎样自救？

海啸是地球上最强大的自然力之一，被称为地球的终极毁灭者。

海啸引发的惊涛骇浪冲上海岸后，常常以摧枯拉朽之势，迅猛地袭击着岸边的港口、城市和村庄等。霎时间，海岸周围的一切事物都可能被席卷一空。

海啸给人类带来的灾难如此巨大，我们必须作好预防。

地震是海啸的先锋军，如果感觉到地面发生强烈的震动，千万不要靠近海边、江河的入海口。当听到可能发生地震的报告时，应该作好预防海啸的准备。必须引起注意的是，海啸有时可能会在地震发生几小时后，到达距离震源数千公里远的地方。

海啸在海港中造成的海水落差和湍流非常危险，船主应该在海啸来临前把船转移到开阔海面。如果没有时间把船转移出海港，船上的所有人员必须尽快撤离海港，躲到内陆地势较高的地方。

第十一章
小心，天外来客

　　地球只是太阳系中的一个星体，太阳系是银河系中的一个星系，银河系外还有河外星系，数之不尽的星体和星系构成了浩渺的宇宙。在宇宙中，很多星体与星体之间，星系与星系之间都是互相关联的。

　　在现有的科学水平下，人类对地球的认识是有限的，对宇宙的认识更是微乎其微。需要注意的是，地球做为宇宙中的一个星体，会受到宇宙中"天外来客"的影响。这些影响可以造成地球磁场的改变，气候的改变，甚至导致地球物种灭绝。比如，超新星爆炸产生的宇宙射线会干扰地球云层，从而引发气候的改变。来自太空的陨石则可能直接杀害地球上的某些生物。

　　不过，这些"天外来客"并非有百害无一益。拿陨石来讲，它是人类直接从太阳系获得的主要物质。研究陨石对于人类认识地球的起源、成分、结构和演化有很重要的科学意义。而那些能量巨大的宇宙射线，则可以加快地球生物的进化。

　　总而言之，任何事物的利弊都是相对的，我们只有科学地认识和了解那些"天外来客"，才可以更好地维护地球的稳态发展。

美丽的陨星

什么是陨石？

据史料记载，公元1490年4月4日，一位"天外来客"降临在我国甘肃省的庆阳县。那天恰巧是的清明节，庆阳县的人们纷纷外出，有的去墓地祭祀，有的去城外郊游。一时间大街小巷人来人往，好一派热闹的场景。

忽然间，一道绚丽的光芒出现在天际。由于当时是白天，这道光芒被阳光遮蔽，只闪了一闪就消失了。人们发现这道光芒后，感到很好奇，正在猜测发出光芒的那个物体是什么时，突然间听到一声巨响。伴随着巨响，一阵猛烈的爆炸在地面发生了。这阵爆炸非同小可，当场炸死了约一万人。事后，经过调查，人们才知道引发爆炸的是一块从天上掉下来的巨石。当时，科学技术尚不发达，人们无法解释这"天外来客"究竟是什么。

随着科技的进步，科学家揭开了谜团。原来，那块来自天上的巨石是陨石。

陨石的科学定义为：地球以外的宇宙流星脱离原有运行轨道或成碎块散落到地球上的石体。陨石极具收藏价值，科学家研究陨石可以从中了解到产生陨石的星体的组成结构。需要说明的是，宇航员或者探测器登上外星球，

如月球、火星，从外星球带回来矿石标本不叫陨石。据科学家观测，每年降落到地球上的陨石约有20多吨，约1万块。不过，由于陨石多数落在荒原、沙漠、海洋等人迹稀少的地区，因此被人发现并收集到手的陨石每年只有几十块。

陨石分为哪些种类？

世界各地的博物馆中收藏了很多陨石，这些陨石大部分是石质陨石，一般是当陨石直接坠落到地面时被人们直接收集到的。

科学家们研究了大量陨石后，根据陨石中金属和硅酸盐的含量、结构和构造以及成分差异，将陨石分为铁陨石、石铁陨石和石陨石三类。每一类陨石，由于其结构或出现矿物等特征的不同，又可分为不同的类型。

铁陨石：

主要由铁元素和镍元素组成，也含有少量钴、磷、硅、硫、铜等元素，约占陨石总量的6%。 铁陨石中含有90%的铁，8%的镍，其密度比较大，为$8 \sim 8.5 g/cm^3$。它的表面被一层黑色或褐色约1毫米厚的氧化层熔壳包裹着，且存在许多大大小小的圆坑，还有形状各异的沟槽。这些特征是铁陨石在陨落过程中与大气剧烈摩擦燃烧而形成的。铁陨石的切面与纯铁一样，呈现白亮色。

根据成分和结构特征的差异，铁陨石可以细分为方陨铁、八面石、贫镍角砾斑杂岩和富镍角砾斑杂岩四种类型。它们在成分上是过渡的，可以由同一种铁—镍熔体缓慢冷却而逐渐形成。它们在结构上也有不同，比如方陨铁在光面上具有平行条纹，也叫牛曼条纹，而八面石的光面上是交错条纹，也叫韦氏条纹。

目前，世界上最大的铁陨石是非洲纳米比亚的Hoba铁陨石，重约60吨。

石铁陨石：

为铁、镍金属和硅酸盐的混合物，约占陨石总量的2%，因其数量稀少，具有很高的商业价值。根据内部的主要成分和构造特点，石铁陨石还可分为橄榄石石铁陨石、中铁陨石、古铜辉石石铁陨石、鳞石英石铁陨石等类型。

石陨石：

主要由硅酸盐矿物质、镍铁合金以及硫铁化合物组成。在世界各地博物馆收藏的数千块陨石标本中，有60%以上是石陨石。从直接坠落到地面并随即收集到的陨石标本来统计，石陨石可占陨石总量的90%以上。根据是否含有球粒，又可分为球粒陨石和无球粒陨石两种类型。

1976年3月8日15时，在我国吉林省桦甸方圆500多平方公里的范围内，降下一场世界罕见的陨石雨。所收集到的陨石有200多块，最大的1号陨石重1770公斤，名列世界单块陨石重量之最。根据整体化学成分，球粒陨石被分为碳质球粒陨石、普通球粒陨石和顽火辉石球粒陨石三类。非球粒陨石的第三级分类也是根据化学（矿物）组成进行的，岩石（矿物）含钙量高的叫富钙无球粒陨石，含钙量低的

叫贫钙无球粒陨石。石陨石的成分和外表都很像超基性岩，密度为3～3.5克/cm³。它在野外易被误认成普通岩石，所以虽其陨落数量很大，占总坠落数92%以上，但寻获数只占全部寻获陨石数的56.3%。

地球上的球粒陨石非常丰富，约占陨石总量的84%。它主要由橄榄石、辉石、斜长石、铁镍微颗粒以及少量其他矿物组成。球粒陨石除具备普通陨石的主要特征外，还特有一些直径约1毫米的圆形球粒。据科学家测定，很多球粒陨石的球粒大约是在45亿年以前形成的，恰好处于太阳系开始形成初期，这对于了解地球原始成分提供了非常宝贵的资料。

无球粒陨石在陨石中排第二位，约占8%。这类陨石的特征是不含陨石球粒，成分类似于地球上的镁铁质和超镁铁质岩石，更接近于辉石岩，其中最主要的矿物是辉石和斜长石。

如何鉴别陨石？

有些陨石和普通岩石很相似，不容易识别出来，这就需要根据陨石的特征来进行鉴定。

1. 外表熔壳：陨石陨落到地面的过程中要穿越稠密的大气层，陨石与大气发生强烈摩擦会产生高温，使其表面发生熔融，并形成一层黑色或褐色的薄熔壳。一般来讲，新降落的陨石表面都有一层熔壳，根据这一特征可初步判断某块石头是否为陨石。

2. 表面气印：陨石与大气层发生摩擦时，大气层中的气流会在陨石表面留下许多气印，就像手指按下的手印。如果某块石头上有气印，那么它极有可能是陨石。

3. 内部金属：铁陨石和石铁陨石内部都含有大量金属元素。如果在某块石头的新鲜断裂面上看到细小的金属颗粒，则可推断该石块可能是陨石。

4. 磁性：大多数陨石中都含有大量铁元素，因此95％的陨石都能被磁铁吸住。

5. 球粒：球粒陨石约占陨石总数的90％，这些陨石中有大量1毫米大小的硅酸盐球体，称作球粒。在球粒陨石的新鲜断裂面上能看到圆形的球粒。

6. 比重：由于陨石中含有大量金属元素，因此陨石的比重远远大于地球上一般岩石的比重。如果某块石头比普通岩石重得多，它很可能就是陨石。

陨石是从哪里来的？

陨石落下的时候，人们都会看到它是从天上来的。大家都知道，天空中除了云层就是大气层，不可能产生陨石，那么陨石是从哪里来的呢？

科学家经过观察发现，在太阳系中的火星和木星的轨道之间，有一条小行星带，这里就是陨石的故乡。在这个小行星带中，很多小行星在各自的轨

道上运行，并不断地发生碰撞。有一些小行星运气不好，被撞出了轨道，飞向太空。其中有的小行星就会朝着地球奔来，变成了陨星。陨星进入地球大气层时，与大气层发生摩擦产生强烈的光芒，这就是我们通常看到的流星。在高温与高压的作用下，流星会发生爆炸，就形成流星雨。有一些流星没有燃尽，落到地球上，就成了陨石。

陨石对地球有什么危害？

科学家认为，大约在6600万年前，一颗直径为10千米的巨大陨石撞击了地球，导致地球许多动植物都灭绝了。

巨大的陨石撞击地球后，能以许多方式导致物种灭绝。如果它落入海洋，会引发海啸，产生的海浪高达100米，足以淹没很多陆地。陨石撞击地球后，还可能把大量的物质抛送到地球大气层中，阻拦住太阳的光线，妨碍植物的生长，进而影响以植物为生的动物。巨大的陨石还可以在地球上撞击出40千米深的陨石坑，这个深度足以穿透海洋或大陆的地壳层，导致大量的火山喷发。大规模的火山喷发，能直接导致许多物种灭绝。火山喷发后，会有大量灰尘跑到大气层中遮蔽住阳光，从而导致气候持续变冷，威胁动植物的生存。火山灰还可能引发大规模酸雨，这对地球上的生物更是一种致命的打击。

陨石对地球的危害，主要在于它会产生超强的破坏力和爆炸力。

1908年的一天夜里，在苏联西伯利亚一个名叫通古斯的地方，在方圆800公里的范围内，都见到了火光；在100公里范围内，都听到了轰隆巨响；在50公里范围内，高大树木全部被烧毁。这次事件就是陨石坠落。

1976年3月8日，我国吉林省桦甸方圆500多平方千米的范围内，降落了历史上罕见的一场陨石雨。其中"1号陨石"落到永吉县桦皮厂附近，遁入地下6米多，升起一片蘑菇云，它产生的震动相当于6.7级地震，附近房中的家具都倾倒了，杯碗都摔碎了。

据科学家预测，一个名为阿波菲斯的陨石可能于2036年4月撞击地球，它撞击的面积非常大，几乎等于整个英国。

面对可能发生的巨大灾难，美国宇航局已制订对策，最可行之策是派遣宇宙飞船"引走"阿波菲斯，即发出引力令它偏离轨道。

陨石会在地球上留下什么痕迹？

体积大的陨石坠落到地表时，冲击地面的力量是十分巨大的，可以在地表形成火山口形状的陨石坑。世界上比较有名的陨石坑有以下几个：

美国内华达州亚利桑那陨石坑：这个陨石坑是5万年前，一颗直径约为30～50米的铁质流星撞击地面的结果。这颗流星重约50万千克、速度达到20千米/秒，爆炸力相当于2000万千克烈性炸药，超过美国轰炸日本广岛那颗原子弹的1000倍。爆炸在地面上产生了一个直径约1245米、平均深度达180米的大坑。据说，坑中可以安放下20个足球场，四周的看台则能容纳200多万观众。

墨西哥尤卡坦陨石坑：直径有198千米。肇事者是6500万年前一颗直径为10～13千米的小天体。陨石坑被埋藏在1100米厚的石灰岩底下，先被石油勘探工作者发现，随即又被"奋进号"航天飞机通过遥

感技术证实了它的存在。

俄罗斯通古拉斯陨石坑：1908年6月30日，目击者看见一个火球从南到北划过天空，消失在地平线外，地平线上随即升腾起火焰，响起巨大的爆炸声。爆炸之后的几天里，通古拉斯地区的天空被阴森的橘黄色笼罩，大片地区连续出现了白夜现象。调查者相信这是一颗陨石撞击到西伯利亚所引起的爆炸。据推测，这颗直径小于60米的小行星或者彗星碎块闯入大气层，在距地面8千米的上空发生了爆炸。1947年2月12日，俄罗斯远东城市锡霍特发生与通古拉斯相似的大爆炸，发现了100多个陨石坑，收集到8000多块镍铁陨石。

如何判断陨石坑？

根据对陨石坑现场的实际调查和对主要造岩矿物冲击效应的研究，结合核爆炸和人工冲击模拟试验研究的结果。判定陨石坑的主要标志有：

1. 一般情况下，陨石坑都是类圆形构造。科学家对地球上数十个陨石坑探测的结果表明，陨石坑多为类圆形构造，一些比较古老的陨石坑由于受构造运动的影响，也会呈现椭圆形或腰子形。

2. 大多数陨石坑都具有比较完好的环形山坑缘。它是由陨石撞击地表后，冲击出的抛射物沿陨石坑的边缘堆积而成的。有的陨石坑由于形成的年代久远，其环形山坑缘多被侵蚀掉，有的陨石坑本身也被剥蚀，因而不易被识别。不过，陨石坑残留的强形变和震裂岩石多为圆形区域，这可作为辨认陨石坑的一个依据。

3. 陨石在地球表面撞击出陨石坑后，坑底的岩石受到巨大的撞击力量，会产生一定程度的回弹，因此在一些大的陨石坑底常出现中央隆起的状况。科学家采用重力法测定表明，陨石坑为重力负异常，而火山喷发为正异常。此外，一个巨大陨石的轰击，有可能触发或控制深部岩浆的侵入，如加拿大著名的镍矿床所在地——萨德伯里构造，其深部升上来的含矿岩浆就重叠在大的陨石轰击构造上。这种现象在月球表面的陨石坑也较常见。

4. 陨石中含有大量铁和镍元素，当陨石撞击某物体后，该物体中可能存在铁和镍等残留物。迄今为止，还从未在任何一个地表陨石坑中挖掘出陨石冲击体本身，但是在很多陨石坑内都可以找到陨石的残留物。质量大的陨石，由于它高速撞击地表后容易爆散和蒸发，极难在坑中找到其残片，但是依旧可以在其撞击出的陨石坑内找到铁、镍等残留物。这也是识别陨石坑的重要标志。

5. 陨石撞击地表产生的冲击波通过某些岩石时，会产生震裂锥。单个震裂锥一般为1～15厘米，顶端稍钝，表面有很多沟槽，呈马尾构造。目前在地表的陨石冲击位置上，包括萨德伯里构造、里斯和施泰因海姆盆地、弗林克里克等数十个冲击构造中，都发现了震裂锥。现已证明，震裂锥可以作为陨石轰击的独特标志。

研究陨石坑有哪些价值？

1. 为地球、月球、水星、火星及其卫星表面圆形坑和环形山构造的陨石轰击成因假说找到依据，从而确定陨石坑的存在时间和分布情况。同时为研究巨大陨石的撞击，对地球和其他星球的形成、原始热和自转轴变迁的影响，以及为研究岩浆活动、突变事件和星球演化提供宝贵的资料。

2. 对矿物和岩石冲击变质的研究，将进一步丰富岩石学、矿物学、结晶学和高温高压地质学的内容，并为了解地幔物质性状和物理化学特点，即为地球深部的研究提供参考依据。也可以从冲击效应特征推定岩石受轰击时的温度和压力，从而对于了解地面及地下核试验和人工爆破的威力、破坏半

径，以及对工程防护和对金刚石等矿物的合成具有一定实用意义。

3．由于巨大陨石轰击能引起地下岩浆上升、侵入和成矿，因而出现了把外来作用和地球深部作用联系起来的新成岩成矿理论。

4．研究地表陨石坑的分布形态、锥度，特别是受轰击后的变质作用，可直接推断陨石下降时的方向、速度、质量，以及烧蚀破裂情况，为宇宙飞船软着陆提供依据。

宇宙射线的威力

什么是宇宙射线？

宇宙中有很多带电粒子流，这些粒子流具有很大的能量，可以像射线一样穿透很多物体，这就是宇宙射线。

宇宙射线是被德国科学家韦克多·汉斯发现的。1912年的一天，汉斯带着电离室乘坐热气球在空中做测定空气电离度的实验。他发现电离室内的电流会随高度的升高而变大，于是他认定电流是来自地球以外的一种穿透性极强的射线产生的。后来，人们就把这种射线取名为"宇宙射线"。

时至今日，在现代天体物理学中，对于宇宙射线的研究已成为一个重要领域。许多科学家不懈探索研究，试图解开宇宙射线的起源之谜，但是一直未能找到答案。不过，科学家们总体上认为，宇宙射线的产生可能与超新星爆发有关。对此，有的科学家提出观点说，宇宙射线产生于超新星大爆发的时刻，"死亡"的恒星在爆发

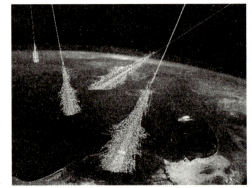

时会放射出大能量的带电粒子流，射向宇宙空间。也有科学家说，宇宙射线来自于爆发之后超新星的残骸。

射线对地球有哪些影响？

宇宙射线在太空中纵横穿梭，当它到达地球的时候，会受到地球大气层的阻挡。但是宇宙射线的能量非常大，有一部分射线流会穿透大气层，对空中交通产生一定程度的影响。比如说，现代飞机上控制系统和导航系统大都是由微电路组成的，微电路对射线流非常敏感，一旦遭到射线流的攻击，就有可能失效，这样一来就给飞机的飞行带来相当大的麻烦和威胁。

科学家研究表明，长期以来普遍受到国际社会关注的全球变暖问题，并非只是由温室效应引起的，宇宙射线也是导致全球变暖的元凶之一。

宇宙射线中的高能粒子会将原子中的电子轰击出来，形成带电离子，从而引起水滴的凝结，增加云层的生长。简而言之，当宇宙射线较少时，意味着产生的云层就少。这样，太阳就可以直接照射到地球表面，升高地球的温度。科学家还发现，当太阳活动变得更剧烈时，低空云层的覆盖面就减少。这是因为太阳生成的太阳风暴可使宇宙射线偏转，随着太阳活动加剧，太阳风暴也增强，从而使到达地球的宇宙射线较少，因此形成的云层就少。此外，如果高层空间存在大量的带电粒子，这些带电离子就有可能相互碰撞，从而重新结合成中性粒子。这些中性粒子跑到低空后，保持的时间相对较长，足以引起新的云层形成。

此外，有些科学家还认为，宇宙射线很有可能与地球物种的灭绝与出现有关。在某一个时期，当突然增强的宇宙射线到达地球时，会破坏地球的臭氧层，并且增加地球环境的放射性，导致物种的变异或者灭绝。另一方面，这些宇宙射线又有可能促使新的物种产生突变，从而进化为全新的一代。在

地球的岩洞、海底或者地表以下，生活着许多生物，它们千百年来始终保持着本来的特征，很少发生变异，这正是由于宇宙射线未能对它们造成辐射，因此它们才得以保持原貌。

从上述这些观点来看，宇宙射线就如同来自宇宙的"飞弹"，不知在哪个时期会对地球造成危害。因此，我们必须加大对宇宙射线的研究和了解。

奇妙的行星连珠

行星连珠是怎么回事？

对于"行星连珠"现象，历来都没有一个严格的定义。一般来讲，用肉眼望去，太阳系中的行星差不多排列在一条直线上，就叫做"行星连珠"。

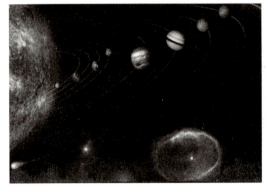

可是，如果按这个"定义"把行星的运动在画面上表示出来，那么就必须一直关注行星的运动并找到发生"行星连珠"的时刻。然而，这是一件非常难做到的事。此外，由于人与人之间存在视觉上的差异，人们看到的"行星连珠"现象不尽相同，所以说要想找到"行星连珠"的确切时刻和位置是很困难的。

根据四个前提来确定"行星连珠"。

人类的智慧是无穷的，随着现代科技的发展，人类试图用电子计算机自动绘制出"行星连珠"。但是，前提条件是必须对"行星连珠"给出准确的定义。于是，科学家们根据下列四个前提来确定"行星连珠"：

1. 跟行星在黄道面上的投影位置，决定行星的位置。

2．在黄道面上，把行星聚集在太阳与地球连线的附近，视为"行星连珠"，不考虑不包括太阳的"行星连珠"。

3．把地球与其他行星的连线与太阳与地球的连线构成的夹角作为"行星连珠"的量化"指标"。这个夹角取小于90度的锐角。

4．求出同一时刻各行星的夹角，取其构成的最大夹角，把夹角的最大值变为最小值的时刻视为"行星连珠"。这里，考虑的行星数目从6个到9个，并研究所有太阳系行星的组合，地球必须包括在内。

行星连珠的历史

科学家研究表明，从公元前300年到现在，夹角在5度以下的"六星连珠"发生了49次，"七星连珠"3次，"八星连珠"以上的情况没有发生。夹角在10度左右的时候，"六星连珠"发生了709次，"七星连珠"52次，"八星连珠"有3次。"九星连珠"的现象很难出现，而且夹角要扩大到15度，迄今为止尚没有出现过"九星连珠"。据科学预测，2149年12月10日有可能发生"九星连珠"，夹角约为15度。

最近一次"行星连珠"发生在2000年5月20日。这是一个渐进的过程，从2000年5月5日开始，太阳系的七颗行星——水星、金星、地球、火星、木星、土星、冥王星，逐渐向一条直线上靠拢，直到5月20日这天，这七颗星体终于排列在一条直线上。不过，据实而言，这次"七星连珠"的现象，并非规规矩矩地排在一条直线上，而是散落参差。由于人在地球上的视觉效应，看起来七颗行星像是排列在一条线上。

"行星连珠"会引发灾害吗？

有人散播谣言，说"行星连珠"出现时，地球上会发生灾变。这根本是

无稽之谈。科学家表明，"行星连珠"发生时，地球上不会发生任何特别的事件，不仅仅是针对地球，对其他行星和小行星、彗星等也不会产生任何影响。此外，来自行星的引力会作用在各种天体上，不管行星的相互位置如何排列，都不会带来什么可以察觉的变异。

为了便于直观的理解，不妨估计一下来自行星的引力大小，假设在地球表面上有一个1千克的物体，可以运用牛顿的万有引力定律计算出各个行星作用于这个物体的引力。科学家根据6000年间发生的"行星连珠"，计算了各行星作用于地球表面一个1千克物体上的引力，结果是与来自月球的引力相比，来自其他行星的引力小得微不足道。就算"行星连珠"像拔河一样形成合力，其影响与来自月球和太阳的引力变化相比，小得可以忽略不计。

由此可见，即使发生"行星连珠"，地球上也不会发生任何特殊情况。从科学角度看，"行星连珠"只是一种饶有趣味的天象而已。

第十二章
给母亲献份生日大礼

　　可以说，自从人类在地球上诞生以来，就开始对地球进行着各种破坏。在近现代世界，人类愈加感受到，由于各种不合理的人为活动，招致地球对人类的报复。于是，一部分人清醒地意识到，必须及时阻止人类盲目破坏地球的行为，号召人们树立起"保护地球"、"爱护地球"的观念。

　　1970年4月22日，"世界地球日"诞生了，这是人类现代环保运动的开端。自此，人类意识到了保护地球的重要性，积极加入到保护地球的行列中。

　　然而，地球所遭受的破坏，并非一朝一夕能愈合。目前，地球上仍存在着"十大环境问题"，如全球气候变暖、臭氧层的耗损与破坏、大气污染、水污染、海洋污染，等等，这些问题严重威胁着人类的生存。

　　保护地球，人人有责。让我们积极行动起来，为营造一个美丽的地球家园而努力。

世界地球日起源

1969年，美国民主党参议员盖洛德·尼尔森计划于1970年4月22日举办一次校园运动，主题是反对越战。可是，活动组织者之一，哈佛大学法学院学生丹尼斯·海斯提议将此次运动的主题改为环境保护。

尼尔森听到海斯的建议后，感到喜出望外，欣然接受了海斯的建议，并设想举办一次环保演讲会。

不久，海斯把尼尔森的构想扩大，在美国各地展开的大规模的社区活动，将活动的主题定为"地球日"活动。此外，海斯还选定1970年4月22日（星期三）为第一个"地球日"。

1970年到来了，这年是个多事之秋。悲剧不断在美国上演，比如，美国"阿波罗13号"的登月计划的失败，南卡罗来纳州萨瓦那河附近一家核工厂发生泄漏，一些工厂肆无忌惮地排放着浓烟和污水。

在这样的背景下，海斯倡导的首次"地球日"活动取得了极大的成功。据统计，在"地球日"当天，有25万人聚集在华盛顿特区，10万人向纽约市第五大街进军，支持这次活动。人们高举着受污染的地球模型、巨幅画和图表，通过集会、游行等形式，要求政府采取措施保护环境。

1970年4月22日的"地球日"活动，是人类现代环保运动的开端，被誉为二战以来美国规模最大的社会活动。此次活动推动了西方国家环境法规的建立。如美国相继出台了清洁空气法、清洁水法和濒危动物保护法等法规。

1972年，联合国在斯德哥尔摩召开了第一次人类环境会议，有力地推动了世界环境保护事业的发展。

1990年4月22日，全世界140多个国家团体参与了"地球日"有关的活动，总人数达2亿多人。人们通过举办座谈会、游行、文化表演、清洁环境等方式，积极推广"地球日"精神，呼吁改善全球整体环境，并进一步向政府施压，希望引发更多关注与政策的制定。

终于，激动人心的时刻到来了。2009年4月22日，第63届联合国大会一致通过决议，决定把今后每年的4月22日定为"世界地球日"。

众望所归，世界地球日终于走向了千家万户。

关注地球保护环境

我们能为地球做些什么？

保护地球是一项很宏大的活动，需要全人类共同努力。虽然一个人的能力是有限的，但世界上所有的人的能力加在一起就是无穷大的。我们千万不能小看自己的能力，只要我们随时在衣、食、住、行各个方面以身作则去爱护地球，相信地球一定会越来越美丽。

饮食

1．平时我们可以多吃一些素食，少吃一些肉食。肉食主要来自畜牧业，这将消耗大量的水资源和谷、豆类作物，还可能破坏森林和草原。

2．合理安排饮食，不要浪费食物。日常饮食最好在家吃，如果在外面吃，要尽量做到吃不完打包回家，减少食物浪费。

3．拒绝使用"泡沫塑料"，采用环保用具。"泡沫塑料"中含有致癌物质，还会对地球的臭氧层造成破坏，而且"泡沫塑料"在几百年内都不易降解，长时间污染环境。

4．拒绝购买高冷蔬菜等农产品。高冷蔬菜不具备储存水分的功能，大量种植高冷蔬菜将直接导致水土流失，并间接导致森林、草原消失。高冷蔬

菜无法发挥农药与肥料的残留物，对人体健康和水资源构成威胁。

衣物

1.学会识别衣料来源，尽量选购天然棉、麻等自然材质做成的衣服。

2.根据洗衣标准来购买衣服，以延长衣服的寿命。

3.根据洗衣的次数、家中的容量、生活方式、经济状况等因素决定购衣频率。

居住

1.多选择二手家具，这样就可以做到资源的回收再利用。

2.种植一些绿色植物来装饰房间，减少人造材料造成的污染和对资源的消耗。

3.用器皿盛水，以节约珍贵的水源。日常生活中，洗果菜、刷洗碗盘、刷牙、洗脸等，不要直接用流动水刷洗，而要把水放在器皿中，这样可以节约水资源。

4.房间的电源、冷气集中使用，节约用电、用气等。

出行

1.在楼中居住、办公等，在不赶时间的前提下，不妨试着安步当车，既节省能源，又可运动健身。

2.外出办事，如果时间允许，可以采用步行或骑自行车的方式，也可利用公共交通工具，少开私人汽车和机动车。

全球十大环境问题有哪些？

当前，威胁人类生存的十大环境问题是：

全球气候变暖

随着世界人口的急剧增加和人类生产活动规模急速扩大，向大气排放的二氧化碳、氯氟碳化合物、一氧化碳等温室气体不断增加，造成大气的气体组成结构发生变化，出现气候逐渐变暖的趋势。全球气候变暖，将对地球产生各种影响，例如，气候变暖可造成极地冰川融化，危及冰川生物的生存；冰川融化还会造成海平面升高，使一些海岸地区被淹没。气候变暖会影响到降雨和大气环流，让气候变得反常，容易造成旱涝灾害。总之，全球变暖将对地球生态系统造成破坏，严重威胁人类生活的各个方面。

臭氧层的耗损与破坏

臭氧层能够吸收大部分太阳紫外线辐射，保护地球上的生物免遭紫外线侵害，并将能量贮存在上层大气，起到调节气候的作用。科学家认为，人工合成的一些含氯和含溴的物质会造成臭氧层出现空洞，最典型的是氟氯碳化合物（俗称氟里昂）。氟里昂由碳、氯、氟组成，其中的氯离子释放出来进入大气后，能反复破坏臭氧分子，自己仍保持原状，尽管数量很少，但足以使臭氧分子减少，直至形成臭氧"空洞"。臭氧层被破坏，将使地面受到紫外线辐射的强度增加，给地球上的生命带来很大的危害。紫外线强烈作用于人的皮肤时，可使人类患上皮肤光照性皮炎，严重的还可能诱发皮肤癌。紫外线强烈作用于人的中枢神经系统时，人就会出现头痛、头晕、体温升高等症状。强烈的紫外线辐射对植物也会造成严重伤害，比如臭氧层厚度每减少25%，大豆就减产20%～25%。此外，紫外线的增强还会加剧城市内的烟雾含量，并使一些有机材料，如橡胶、塑料等加速老化。如果臭氧层全部遭到破坏，太阳紫外线就会肆无忌惮地"杀死"地球上的动物，人类也将遭遇"灭顶之灾"。

生物多样性减少

《生物多样性公约》对"生物多样性"的定义是：所有来源的形形色色的生物体，这些来源包括陆地、海洋和其他水生生态系统及其所构成的生态综合体；它包括物种内部、物种之间和生态系统的多样性。

生物进化是一个漫长的过程，在这个过程中可能产生一些新的物种，同时会有一些物种消失。近百年来，由于人类不合理开发资源，对生态环境造成严重破坏，导致地球上的各种生物受到了很大的损害。据科学家估计，地球上每年至少有5万种生物物种灭绝，平均每天灭绝的物种140个。由此可见，保护和拯救生物以及生物赖以生存的自然环境，是摆在人类面前的重要任务。

酸雨蔓延

酸雨是指大气降水中酸碱度（pH值）低于5.6的雨、雪或其他形式的降水。酸雨对人类环境的影响是多方面的。它能够对水体、土壤、森林和人类健康造成严重危害，影响地球生态环境，还会腐蚀建筑、名胜古迹、金属物品等。

森林锐减

森林对于人类的生存和发展起着至关重要的作用，森林可以调节气候，保持生态平衡；森林具有防风固沙、涵养水土的作用，还能够吸收各种粉尘；森林具有隔音的作用，可以减少噪音污染；森林可以减低地球温度，并提高湿度；森林的分泌物能杀死细菌。

就全球范围看，目前各类林地覆盖面积大约为48.9亿公顷，约占陆地面积的1/3，而林地损失每年达1800万～2000万公顷。从总体上讲，全球森林覆盖率正在下降。保护森林已成为人类的重大任务。

土地沙化

据科学调查，全球每年约有6万平方公里的土地沙漠化，威胁着60多个国家，受影响的人口占地球总人口的16%以上。土地沙化还造成全球范围内每年的年收入减少约2800亿元，对世界经济发展带来严重阻碍。治理土地沙化也成为人类的一大难题。

大气污染

随着人类工业化不断发展，向大气中排放的悬浮颗粒物、一氧化碳、臭氧、二氧化碳、氮氧化物、铅等有害物质也不断增多。大气污染对人类的危害极其严重，导致每年有30万～70万人因烟尘污染提前死亡，2500万的儿童患上慢性喉炎。此外，大气污染还会增高大气温度，增加酸雨的频率。

水污染

水是生命之源，保护水资源已成为全人类的共识。

海洋污染

人类以污染海洋为代价，来满足自身的利益。这种得不偿失的行为，最终造成人类反受其害。层出不穷的赤潮，漂满油污的海面……面对这些，人类何时才能还地球一个清澈海洋呢？

危险性废物越境转移

危险性废物的定义是：除放射性废物以外，具有化学活性或毒性、爆炸性、腐蚀性和其他对人类生存环境存在有害特性的废物。目前，危险性废物数量和浓度日益升高，严重威胁着人类健康。